高职高专系列教材

C# 程序设计基础教程

主　编　左向荣　左国才

副主编　杨爱武　黄利红　曾　琴

U0379076

西安电子科技大学出版社

内 容 简 介

　　本书是在全国进行教育课程教学改革的大环境下，为适应高等职业院校项目化教学改革而编写的，旨在培养学习者的实际编程能力。本书基于 Visual Studio 2010 开发环境，同时也适合于其他版本的 Visual Studio 教学环境。

　　全书共 10 章，主要内容包括：基本语法，类、对象、方法和属性，WinForm 基础，文本文件操作以及 ADO.NET。每章都以项目为引领，每一项目的展开都以项目实施为逻辑顺序，把相关的理论知识按项目进行的顺序有机地融入阐述。通过本书的学习，读者可以初步具备开发 Windows 应用程序的能力。

　　本书可作为高等职业院校相关专业的计算机程序设计教材，也可作为程序设计开发者和爱好者学习入门的参考书。

图书在版编目 (CIP) 数据

C# 程序设计基础教程/左向荣，左国才主编. —西安：西安电子科技大学出版社，2017.2(2023.9 重印)
ISBN 978-7-5606-4449-3

Ⅰ.① C⋯　Ⅱ.① 左⋯　② 左⋯　Ⅲ.① C 语言—程序设计—教材　Ⅳ.① TP312.8

中国版本图书馆 CIP 数据核字(2017)第 029960 号

策　　划	杨丕勇	
责任编辑	雷鸿俊　杨丕勇	
出版发行	西安电子科技大学出版社(西安市太白南路 2 号)	
电　　话	(029)88202421　88201467	邮　　编　710071
网　　址	www.xduph.com	电子邮箱　xdupfxb001@163.com
经　　销	新华书店	
印刷单位	广东虎彩云印刷有限公司	
版　　次	2017 年 2 月第 1 版　　2023 年 9 月第 5 次印刷	
开　　本	787 毫米×1092 毫米　1/16　印　张　16.5	
字　　数	385 千字	
定　　价	40.00 元	

ISBN 978-7-5606-4449-3/TN

XDUP 4741001-5

致　　谢

首先，在本书的编写过程中，得到了湖南软件职业学院谭长富院长、符开耀副院长、王雷副院长等领导和专家们的大力支持与热心帮助，在此表示衷心感谢。

其次，本书的出版还得到了湖南软件职业学院教学质量工程项目(KC1502)的资助；本书的部分内容参考了国内外有关单位和个人的研究成果，均已在参考文献中列出，在此一并表示感谢。

另外，由于本书的编写目的定位于C#程序设计的基础知识与案例分析相结合，试图让读者在深入了解C#编程的相关概念与关键技术的基础上，能尝试开展C#数据库编程的一些初步编程工作，因此本书的内容编写与结构组织具有一定的难度，加之编者水平有限，虽然几经修改，但书中可能仍然存在一些疏漏与不足之处，敬请读者、专家以及同行朋友们批评指正，在此先行表示感谢。

前　言

C#程序设计语言起源于 C/C++语言，它吸收了大量 Java 语言的精华，基于微软优秀的.NET 平台，是现代编程语言的集大成者，非常值得研究和学习。

大多数理工科学生在校时都学习过一门编程语言，比如 C 语言或者 C++语言，在此基础上，理解和学习 C#的程序设计技术，就变得比较容易了。随着信息技术广泛地应用到各个领域，从现在到未来很长一段时间，与 C#技术相关的职位需求会变得越来越多，因此广大的理工科专业学生需要及时补充学习 C#的开发技巧。这样，不但可以为将来的求职打好坚实的基础，也可以将 C#知识熟练地应用于自己未来的工作中。

本书根据高职院校的学生现状，精心设计了一个 C#基础的学习流程，并根据该流程编写本书的基本学习内容：

(1) C#语法基础，包括基本数据类型以及顺序、选择、循环等基本程序结构的语法。如果读者有一门程序设计语言的基础，就可以轻松掌握 C#语法；即使没有基础，阅读本书和不断上机实践书中案例，也可以轻松掌握。

(2) C#面向对象程序设计方法。从建立类和对象的基本概念讲起，到继承等高级语法，一步一步让读者建立面向对象程序设计的基本概念，掌握精髓，熟悉 C#所有的特色语法。

(3) C#的 Windows 程序设计。Windows 开发之初，并没有提供一个完全面向对象的开发接口，采用 C++开发 Windows 程序是一个非常复杂的过程，而.NET 框架封装了 Windows 底层的细节，对应用程序提供了 WinForm 类库，因此用 C#编写 Windows 程序变得相当容易，基本只是类组件的拖放，读者通过本篇内容，不但可以学习 Windows 应用的开发，还可以熟悉巩固前面学习的 C#语法。

(4) 项目案例。一些相当于毕业设计的项目案例，总能提升读者的开发水平，而大多数程序员通过这样的中小型案例，可以综合自己的系统分析、程序设计和调试能力。有经验的程序员，都是通过一个一个项目案例积累起丰富的经验，从而总结出思考问题的方式。本书提供的项目案例，读者可以先完成其中一个，总结之后，举一反三，想想可以应用在哪些开发领域。然后了解其他开发项目的需求，想想若自己来实现将会如何做，再看看作者的实现，这样的学习效果更好。

在开发过程中，除了技术上掌握的硬实力之外，我们也要不断在学习过程中发展自己的软实力。所以，我们看看一般公司招聘中的特别要求——素质要求，想想看，自己在这些软性技能方面做得如何，有没有提高的空间。

(1) 思维能力：面对非常棘手的问题，能够恰当地运用已有的概念、方法、技术等多种手段，分析问题产生的原因，找出最有效的应对方法。

(2) 团队合作：愿意帮助其他成员解决遇到的问题，无保留地将自己所掌握的知识与技能传授给其他成员。所以读者学习的时候，最好找几个同伴一起学习，尝试训练团队开发能力。

　　本书由左向荣、左国才主编，杨爱武、黄利红、曾琴担任副主编，全书由王雷主审。由于时间仓促，书中难免存在一些不妥之处，恳请读者提出宝贵意见和建议。编者邮箱：16564383@qq.com。

编　者

2016 年 10 月

目　　录

第1章 基本语法(一)

本书是.NET 学习的开始，通过本书，我们将正式迈入.NET 的精彩世界。本章首先介绍整个.NET 的体系结构，包括运行环境和开发环境，然后介绍一种新的语言——C#，它是一种既适合初学者又适合专业程序员的开发语言。

本章的基本要求如下：

(1) 了解.NET 平台；

(2) 了解 Visual Studio 2010 环境；

(3) 熟练使用变量；

(4) 熟练掌握输入/输出方法；

(5) 熟练掌握条件语句。

1.1 .NET

2000 年 6 月，微软公司推出了.NET 平台，这是一个让人印象深刻的平台，它用一种全新的思想将 Internet 和万维网(World Wide Web，WWW)集成到了软件开发、工程发布和使用中。它有着优秀的语言兼容性，这使得开发人员可以使用多种不同的开发语言(C#、VB.NET、C++、F#等)来开发应用程序。

尽管在今后的学习中我们会重点讲解 C#语言，但是自始至终，它都不是单独存在的，它需要.NET 框架提供的运行平台，需要 Visual Studio 2010 提供的开发环境，甚至需要MSDN 来提供大量的示例。所以在开始学习 C#之前，我们还需要做些准备活动。

1.1.1 .NET 框架

.NET 框架(.NET Framework)是所有.NET 程序运行所必需的，这个框架也是微软整个.NET 战略的核心，它为下一个十年的 Web 开发和 Windows 开发提供了强有力的支持。.NET 框架是一个采用系统虚拟机的方式运行的编程平台，它包含了许多有助于互联网和内部网应用迅捷开发的技术，在通用语言运行库(Common Language Runtime，CLR)的基础上，支持多种语言(C#、VB.NET、C++、Python 等)的开发。

.NET 框架旨在实现以下目标：

(1) 提供一个一致的面向对象的编程环境，无论对象代码是在本地存储和执行，还是在本地执行而在 Internet 上发布，或者是在远程执行。

(2) 提供一个将软件部署和版本控制冲突最小化的代码执行环境。

(3) 提供一个代码执行环境，在这个环境下即使是由未知的或不完全受信任的第三方创建的代码，也可以安全地被执行。

(4) 提供一个可消除脚本环境或解释环境的性能问题的代码执行环境。

(5) 使开发人员的经验在面对类型大不相同的应用程序时保持一致。

(6) 按照工业标准生成所有通信，以确保基于.NET 框架的代码可与任何其他代码集成。

总的来说，.NET 框架是一个致力于敏捷软件开发、快速应用开发、平台无关性和网络透明化的软件开发与运行平台。

1.1.2　CLR

.NET 框架的核心是其运行库执行环境，称为通用语言运行库(CLR)或.NET 运行库。CLR 提供了一个可靠而完善的多语言运行环境，简化了应用程序的开发配置和管理，从而使组件能在多语言环境下跨平台工作。通常将在 CLR 控制下运行的代码称为托管代码(Managed Code)。

但是，在 CLR 执行编写好的源代码之前，需要编译它们。在.NET 中，编译分为两个阶段：

(1) 将源代码编译为 Microsoft 中间语言(Microsoft Intermediate Language, MSIL)。

(2) CLR 将 MSIL 编译为平台专用的代码。

因此，.NET 应用程序是被编译两次的，这个精心设计的过程很重要，它给我们带来了很多重要的优点：平台无关性、性能提高和语言的互操作性等。

1.1.3　MSDN

在绝大部分书籍中，微软开发者网络(Microsoft Developer Network，MSDN)是一个被忽略的部分，但是所有的微软开发工程师都知道它的重要性。对于初学者来说，善于使用MSDN 是迅速提高自己能力的一个很有用的方式。

MSDN 技术资源库是微软公司为软件和网站开发人员提供的技术资源库，是使用微软技术开发软件或应用程序时必定会参访的地方，同时它也提供了订阅的服务，由微软不定时供应最新的软件及技术文件。早期MSDN 的技术文件库是免费开放让所有人在线上阅读，不过从 Visual Studio 2005 开始，MSDN Library 即提供免费的网络下载。

MSDN 技术资源库的在线版本在微软的 MSDN 网站上可以访问，而基于物理介质的离线版本则可以通过 MSDN 订阅服务或者购买 Visual Studio 获得。从 2006 年开始，离线版本的 MSDN 技术资源库可以从微软下载中心下载。

Visual Studio 支持在安装 Visual Studio 时，选择安装 MSDN 技术资源库到本地计算机，或者使用在线版本。本地版的访问比在线版要快，但是需要数吉兆的硬盘空间。每个 MSDN技术资源库版本都支持一个或者多个 Visual Studio 版本，可以在 Visual Studio 的帮助选项中选择使用的 MSDN 技术资源库版本。

1.1.4　C#

C#由安德斯·海尔斯伯格(Anders Hejlsberg)主持开发，微软在 2000 年发布了这种语言。它是一种基于.NET 框架的、面向对象的高级编程语言。C#由 C 语言和 C++派生而来，继承了其强大的性能，同时又以.NET 框架类库作为基础，拥有类似 Visual Basic 的快速开发能力。

C#的读音为 C Sharp，"#"读作"Sharp"，看起来像是"C++"中两个加号重叠在一起。在音乐中"C#"表示 C 升半音，为比 C 高一点的音节。微软借助这样的命名，表示 C#在一些语言特性方面相对于 C++的提升。微软希望借助这种语言来取代 Java。目前 C# 已经成为 ECMA(European Computer Manufactures Association，欧洲计算机制造联合会)和 ISO (International Standard Organized，国际标准化组织)的标准规范。ECMA 为 C#标准列出了以下设计目标：

(1) C#旨在设计成为一种"简单、现代、通用"以及面向对象的程序设计语言。

(2) 此种语言的实现，应提供对于以下软件工程要素的支持：强类型检查、数组维度检查、未初始化的变量引用检测、自动垃圾收集(Garbage Collection，指一种自动内存释放技术)。软件必须做到强大、持久，并具有较强的编程生产力。

(3) 此种语言为在分布式环境中的开发提供适用的组件开发应用。

(4) 为使程序员容易迁移到这种语言，源代码的可移植性十分重要，尤其是对于那些已熟悉 C 和 C++的程序员而言。

(5) 对国际化的支持非常重要。

(6) C#适合为独立和嵌入式的系统编写程序，从使用复杂操作系统的大型系统到特定应用的小型系统均适用。

当然，相对于 C 和 C++，C#也在以下方面进行了限制和增强：

(1) 指针(Pointer)只能被用于不安全模式。大多数对象访问通过安全的引用实现，以避免无效的调用，并且有许多算法用于验证溢出，指针只能用于调用值类型以及受垃圾收集控制的托管对象。

(2) 对象不能被显式释放，代替为当不存在被引用时通过垃圾回收器回收。

(3) 只允许单一继承(Single Inheritance)，但是一个类可以实现多个接口(Interfaces)。

(4) 与 C++相比，C#拥有更加安全的类型管理。默认的安全转换是隐含转换，例如由短整型转换为长整型和从派生类转换为基类。而接口布尔型与整型及枚举型与整型不允许隐含转换，非空指针(通过引用相似对象)与用户定义类型的隐含转换必须被显式地确定，不同于 C++的复制构造函数。

(5) 数组声明语法不同。例如，语法为"int[] a = new int[5]"，而不是"int a[5]"。

(6) 枚举位于其所在的命名空间中。

(7) C#中没有模板(Template)，但是在 C# 2.0 中引入了泛型(Generic Programming)，并且支持一些 C++模板不支持的特性，比如泛型参数中的类型约束。另一方面，表达式不能像 C++模板中被用于类型参数。

(8) 属性支持，使用类似访问成员的方式调用。

(9) 完整的反射支持。

1.2　Visual Studio 2010

Microsoft Visual Studio(VS)是美国微软公司的开发工具套件系列产品。VS 是一个基本完整的开发工具集，它包括了整个软件生命周期中所需要的大部分工具，如 UML(Unified

Modeling Language，统一建模语言)工具、代码管控工具、集成开发环境等。所写的目标代码适用于微软支持的所有平台，包括 Microsoft Windows、Windows Mobile、Windows CE、.NET Framework、.NET Compact Framework 和 Microsoft Silverlight。

1.2.1 历史

从 20 世纪 90 年代开始，微软开始持续不断地发布 VS，至今已经发布了 12 个不同版本的 VS，表 1-1 中列出了各个 VS 版本的发布时间和运行基础。

表 1-1　各个 Visual Studio 版本

VS 版本	发布时间	框　架
Visual Studio 97	1997 年	
Visual Studio 6.0	1998 年	
Visual Studio 2002	2002 年	.NET FrameWork 1.0
Visual Studio 2003	2003 年	.NET FrameWork 1.1
Visual Studio 2005	2005 年	.NET FrameWork 2.0
Visual Studio 2008	2007 年	.NET FrameWork 2.0/3.0/3.5
Visual Studio 2010	2010 年	.NET FrameWork 4.0
Visual Studio 2012	2012 年	.NET FrameWork 4.5
Visual Studio 2013	2013 年	.NET FrameWork 4.5
Visual Studio 2014	2014 年	.NET FrameWork 4.5.1
Visual Studio 2015	2015 年	.NET FrameWork 4.5.2
Visual Studio 2017	2017 年	.NET FrameWork 4.6

1.2.2　VS2010

在后续的学习中，我们将采用 VS2010 作为开发环境，除了因为它是兼容性最好的环境之外，它还具有以下优点：

(1) 界面被重新设计和组织，变得更加清晰和简单，能够更好地支持多文档窗口以及浮动工具窗，并且对于多显示器的支持也有所增强。

(2) .NET FrameWork 4.0 支持开发面向 Windows 7 的应用程序。

(3) 除了 Microsoft SQL Server，它还支持 DB2 和 Oracle 数据库。

(4) 内置 Microsoft Silverlight 开发支持。

(5) 支持高亮引用。

图 1-1 是一个典型的 VS2010 开发环境截图，它主要包括以下几个部分：

(1) 菜单栏：包含所有开发、维护与执行程序的命令。

(2) 工具栏：包含执行菜单栏中常用命令的快捷方式。

(3) 工具箱：包含程序开发过程中所能够使用到的定制控件。

(4) 解决方案资源管理器：用于访问解决方案中的所有文件。

(5) 属性窗口：用于显示当前所选窗体、设计视图中的控件或文件的属性。

(6) 窗体设计器：用于设计和制作程序中的窗体。

图 1-1 VS2010 开发环境

1.2.3 创建项目

所有.NET 项目基本上都有对应的项目模板，我们所要做的就是根据项目的类型选择不同的模板。所以，创建.NET 项目很简单，只需以下几个简单的步骤即可：

(1) 通过"开始"菜单启动 VS2010，如图 1-2 所示。也可以直接将该应用程序发送至桌面，然后双击图标启动。

图 1-2 启动 Visual Studio 2010

(2) 在起始页中选择"新建项目"，如图 1-3 所示。

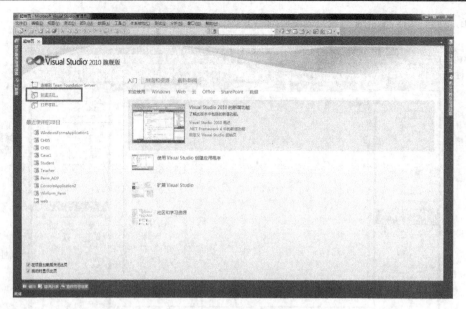

图 1-3　新建项目

(3) 在打开的"新建项目"对话框的左侧选择 C#为开发语言，在右侧的上部选择.NET FrameWork 的版本，在下面的项目模板中选择合适的模板，在对话框底部的"名称(N)"处输入项目的名称，在"位置(L)"处输入项目的保存路径，或者点击"浏览(B)..."按钮选择保存路径，其他内容保持默认，最后点击"确定"按钮完成项目创建，如图 1-4 所示。

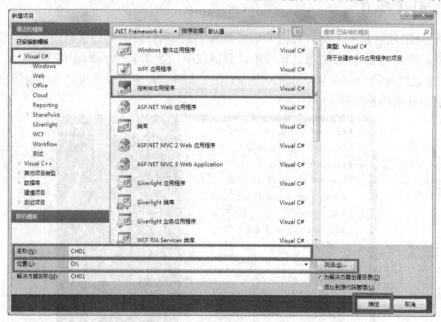

图 1-4　创建.NET 项目

1.2.4　控制台应用程序

通过上述过程，我们就可以创建一个控制台应用程序，如图 1-5 所示。

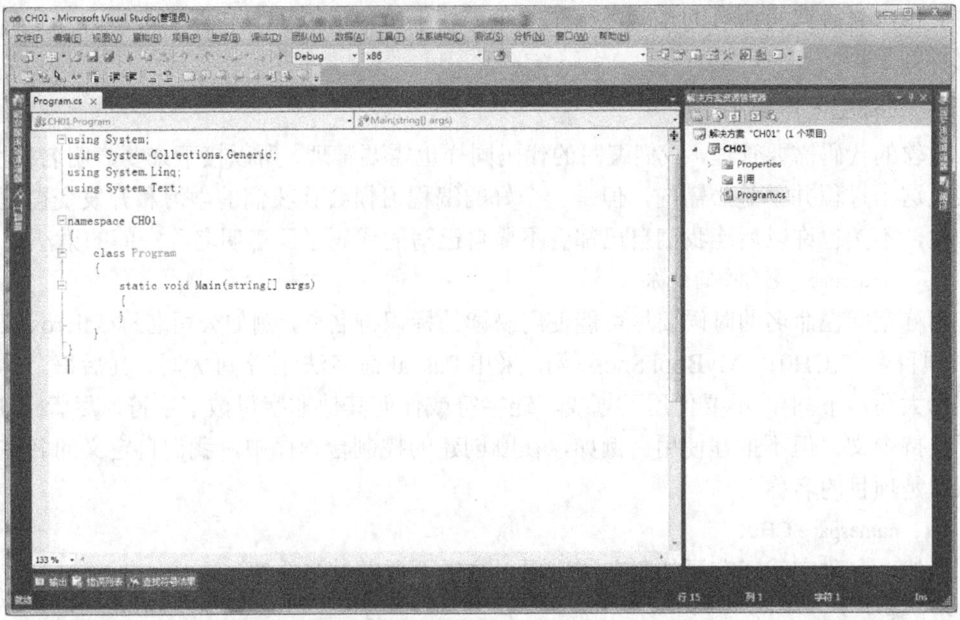

图 1-5 控制台应用程序

在窗体右侧的解决方案资源管理器中，我们可以清楚地看到项目名称是 CH01，在这个项目之下有两个文件夹，其中 Properties 文件夹存放着系统程序集文件，引用则列出了当前项目所用到的系统程序集，而 Program.cs 文件就是我们所创建的第一个项目的代码文件。在窗体设计器窗口中，系统已经帮我们将 Program.cs 文件打开了，这使得我们可以了解到.NET 程序的组成结构。

所有的.NET 程序基本上都是由名称空间引用、名称空间声明和类三个部分组成的。

1. 名称空间引用

命名空间提供了一种组织相关类和其他类型的方式。与文件或组件不同，命名空间是一种逻辑组合，而不是物理组合。名称空间是.NET 管理应用程序的一种手段，因为在系统开发的过程中会产生大量的文件、代码甚至项目，所以我们需要一个有效的管理手段，就像图书馆将成千上万本图书分门别类地放置在书架上以方便查找和管理一样。

在.NET 程序开发过程中，并不需要事必躬亲，事实上微软已经完成了很多复杂的工作，微软将完成这些工作的代码通过名称空间组织起来，以方便使用，这使得我们可以将精力集中在所要完成的工作上，而不需要关心诸如窗体是如何绘制的、控件是如何工作的等问题。但是，系统并不知道我们的项目中会用到哪些名称空间，因此在编程过程中，我们只需要告诉系统需要的名称空间，这个过程称为引入名称空间，其语法结构如下：

```
using 名称空间;
```

例如，当需要使用到一些基本的系统功能时，可以这样引用：

```
using System;
```

而需要使用系统提供的对象来操作 SQL Server 数据库时，则必须这样引用：

```
using System.Data.SqlClient;
```

系统定义的名称空间很多，完成不同的编程任务需要使用不同的名称空间，当然我们不可能也没有必要将所有的系统名称空间全部记下来，所以了解和熟悉常用的几个名称空间就可以了。

2．名称空间声明

微软的代码需要管理，我们编写的代码同样也需要管理，所以接下来要声明名称空间。事实上这个过程并不是必需的，但是一个好的编程习惯会让我们的学习和开发变得更加有条理性，不然也许以后连我们自己都看不懂自己写的代码了。声明名称空间的语法如下：

    namespace　名称空间名称

名称空间在命名的时候要尽可能使用易读的标识符名称，例如公司名称(Microsoft、NF 等)、项目名称(CH01、MyBookShop 等)，采用 Pascal 命名法(首字母大写，其后每个单词的首字母大写，下同)，不要使用下划线、连字符或任何其他非字母数字字符，尽管 C#名称空间支持中文，但不推荐使用。例如，在刚创建的控制台程序中，我们自定义的名称空间默认就是项目的名称。

    namespace CH01

当然，名称空间还有更加复杂的应用，这里不再做过多介绍。

3．类

在 C#中类是个很有趣的存在，它可以大到包含程序的全部，也可以小到只有一行代码；它可以是复杂的，也可以是简单的。对它有着严格的规范限制，但是又可以随心所欲地发挥我们的想象力去设计它。当然，现阶段我们不需要了解这么多，只需要知道如何定义和使用自己的类就可以了。

定义类的语法结构如下：

    [访问修饰符] class 类名称

在前面所创建的控制台程序中，系统为我们定义了一个类：

    class Program

这里的类并没有访问修饰符，因为这里的程序还没有复杂到需要使用访问修饰符的程度，但在以后的学习中我们将会用到，到时再详细介绍。

类的命名是需要我们注意的地方，因为不同的位置不同的程序，命名方式会有所区别，总的来说在命名的时候尽可能采用易于阅读和理解的标识符，例如对象的名称(Teacher、Book 等)、操作的名称(SQLOption、BookDAL 等)，由字母、数字和下划线构成，不能以数字开头，不能包含空格，采用 Pascal 命名法，不要采用诸如 AA、BB 等没有任何说明意义的名称，不推荐使用中文。

    Main

所有的应用程序都需要有一个开始的地方，计算机是一个高效率但是没有智商的工具，所以我们要明确告诉计算机从哪里开始执行我们的程序。控制台应用程序开始的地方就是 Main 方法。在 C#中声明一个 Main 方法的语法如下：

    [访问修饰符] static void Main([string[] args])

或

    [访问修饰符] static int Main([string[] args])

需要注意的是：首先，Main 方法必须是静态的，也就是需要 static 关键字修饰，静态方法将会在后面的章节中介绍；其次，Main 方法的首字母是大写的，参数可以有也可以没有；最后，可以没有返回，也可以返回一个整型值。

　　有趣的是，在一个应用程序中是可以定义多个 Main 方法的，但是应用程序只能使用其中的一个，就好像一个酒店有很多个房间，但我们一次只能住一个房间一样。需要使用哪个 Main 方法可以通过项目属性来设置，方法很简单，在项目上单击右键，在弹出的菜单中选择"属性(R)"就可以打开属性设置窗体，在窗体的"启动对象(O)"下拉框中即可进行设置，如图 1-6 所示。

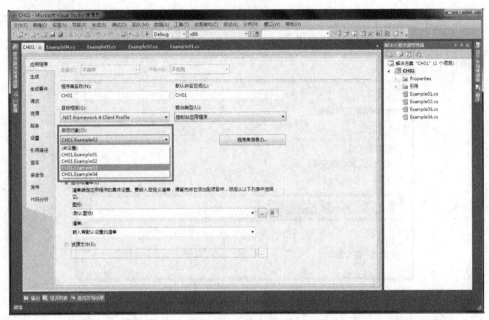

图 1-6　设置启动对象

1.3　简单的 C#程序

　　所有的计算机程序都有两个最基本的功能：输入和输出。所谓输入，就是通过鼠标、键盘或者其他方式向计算机中写入数据，而输出就是计算机将其操作的结果反馈给我们，这两个基本功能集合在一起就构成了我们所说的人机交互。在了解了控制台应用程序之后，接下来就来介绍如何使用 C#完成输出的功能。

1.3.1　简单输出

　　打开 VS2010，创建一个新的控制台应用程序，项目名称为 CH01。这里我们需要对项目做一个小小的调整，默认情况下系统会在新创建的项目中添加一个默认的文件 Program.cs，而我们需要让它变得更有意义一些，所以需要更改它的名字。

　　右键单击 Program.cs 文件，在弹出的菜单中选择"重命名(M)"，再对文件进行重命名，如图 1-7 所示。

图 1-7　修改文件名称

也可以在解决方案资源管理器中选中 **Program.cs** 文件，在属性窗口中修改文件名，如图 1-8 所示。

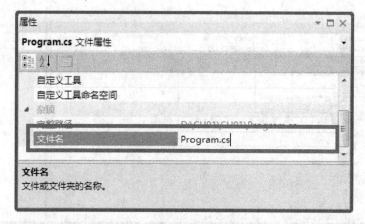

图 1-8　在属性窗口中修改文件名

因为在本章中有多个不同的例子出现，所以我们将文件名修改为 Example01.cs。当我们完成修改后，系统会弹出一个对话框，询问我们是否需要执行对这个默认文件的所有引用的修改，这里我们选择"是(Y)"，如图 1-9 所示。

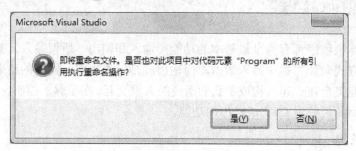

图 1-9　系统对话框

接下来，我们需要在 Main 方法中输入一些代码，以完成我们的第一个 C#程序：

```
static void Main(string[] args)
{
    Console.WriteLine("Hello World!");
    Console.ReadLine();
```

}

　　在上面的代码中，我们使用到了一个系统的类 Console，它主要用来操作控制台应用程序的标准输入和输出。它有很多方法，在这里我们首先用到了其中的一个方法 WriteLine()，这个方法的作用就是向控制台输出信息，我们选择的是输出一个字符串"Hello World!"。

　　在这个方法的后面，我们又使用了 Console 类的另一个方法 ReadLine()，它的作用就是从标准输入流读取一行字符，当程序执行的过程中遇到它时，程序就会停止下来等待我们输入。这里使用它的原因只是让程序执行到这里后停止下来，否则我们什么也看不到。

　　按下键盘上的 F5 键，或者点击工具栏上的"运行"按钮执行我们的程序，如图 1-10 所示。

图 1-10　执行程序

我们的第一个 C#程序就这样诞生了，其运行结果如图 1-11 所示。

图 1-11　第一个 C#程序

　　另一个能够完成这个功能的方法是 Console.Write()，这个方法的作用也是向控制台输出一个字符串，和 WriteLine()方法的区别就在于 Write()方法只是输出一个字符串，而WriteLine()方法除了输出一个字符串外还会在末尾加上一个换行符。我们可以尝试用两个方法分别输出两次"Hello World！"，然后观察输出结果，就能够明白这两个方法的区别了。

1.3.2　转义

　　很显然，简单地输入一个"Hello World"是没有什么吸引力的，更多的时候我们面对的是复杂的输出要求，比如一个表格、一个图形之类的，这时候就需要一些别的技术来帮助我们了。

　　例如，发布通知是所有的计算机系统都需要具备的基本功能，现在我们就需要完成一个简单的通知发布，输出样式如图 1-12 所示。

图 1-12　发布通知

看到这样一个需求我们该如何实现呢？肯定有人第一反应是采用四条 Console.WriteLine()语句！但是很显然这不是一个好的解决方案，甚至不能算是一个解决方案，因为如果我们发布一个1000字的通知怎么办？所以我们还是要寻找别的方法。

在 C 语言中有一个专用的换行符 "\n"，这个符号在 C#中也可以使用，同样能够使用的还有通用制表符，例如 "\r"、"\t" 等。事实上，在 C#中反斜杠(\)称为转义符，它可以告诉 C#其后所出现的字符是字符串中的特殊字符，在字符串中出现反斜杠时，C#将反斜杠与下一个字符结合起来，构成转义序列。表 1-2 列出了常用的转义序列。

表 1-2　常用转义序列

转义序列	描　　述
\n	将光标移动到下一行开头，也就是换行
\r	将光标移动到当前行开头，其后输出的字符将覆盖原有的内容
\t	将光标移动到下一制表位
\\	将反斜杠放进字符串中
\"	将引号放入字符串中

有了这些转义符我们就可以很轻松地用一条语句来完成图 1-12 的要求了。

```
static void Main(string[] args)
{
    Console.WriteLine("\t\t\t 通知\n\t 今天下午 3 点整在会议室开会，讨论新系统的数据库\n 设
    计问题。请第一项目组全体成员相互转告准时参加。\n\t\t\t\t\t2016.05.30");
    Console.ReadLine();
}
```

在上面的代码中，我们依然采用的是 Console.WriteLine()方法，与第一个例子不同的是在这个例子中我们所输出的字符串中加入了若干个转义符，这就可以让输出变得更加丰富多彩。

1.4　加法运算器

在 1.3 节中我们学习了如何向控制台输出字符串，不过一个完整的应用程序有输出也自然少不了输入，但是用户的输入在程序中必须有相应的接收者，否则就无法接收到用户的输入，而能够承担这个任务的就是变量。

1.4.1　问题

计算器是我们经常用到的一个小程序，下面我们就从加法入手，制作一个简单的加法运算器，运行效果如图 1-13 所示。

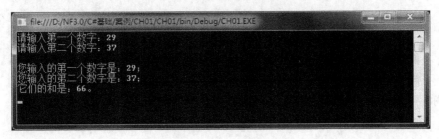

图 1-13　加法运算器

通过图 1-13 所示的运行结果图，我们可以整理出加法运算器的一些需求：

(1) 需要对用户有足够的提示，谁也不会知道漆黑的屏幕上一个闪动的光标是什么意思。

(2) 提示和数字在一行显示。

(3) 需要接收用户输入的两个数字。

(4) 两个数字相加。

(5) 分别输出两个数字以及它们相加的结果。

1.4.2　需求分析

1．输出

对于上面所提出的一些需求，有些是很容易实现的，例如提示信息的输出，我们可以采用 Console.Write()方法来实现：

```
Console.Write("请输入第一个数字：");
```

```
Console.Write("请输入第二个数字：");
```

这里也可以使用 WriteLine()方法，但是提示和数字将会出现在两行里。

2．输入

如何接收用户的输入？我们需要学习一个新的方法：ReadLine()。这个方法也是属于 Console 类的，它的作用就是接收用户的输入，直到回车键结束，它会将用户的输入自动转换为一个字符串。

```
string name = Console.ReadLine();
```

3．变量

要想使用好 ReadLine()方法，我们必须要使用变量来配合，因为这个方法只负责接收，而不负责存储，这就需要我们用别的方法来将用户的输入临时存储起来，这样才不会丢失这些值。能够作为值的容器的就是变量了。C#中定义变量的语法结构如下：

```
[访问修饰符] 数据类型 变量名称[ = 值]
```

访问修饰符决定了变量能够被什么人访问，默认是私有的。数据类型则告诉系统这个变量能够存放什么样的值。数据类型可以是系统的内置类型，也可以是用户自定义的类型。变量名称就是该变量的名称。变量在命名的时候需要遵循以下规范：

(1) 必须以字母开头。

（2）只能由字母、数字和下划线组成，而不能包含空格、标点符号、运算符等其他符号。

（3）不能与C#中的关键字名称相同。

（4）不能与C#中的库函数名称相同。

实际应用中变量的定义语法可以有很多种变体，例如：

```
//定义一个变量，然后赋值
int i;
i = 10;

//定义一个变量并赋值
int j = 10;

//定义多个变量，并赋值。注意多个变量类型必须相同
int k, l = 10;

//定义不同类型的变量必须使用单独的语句
double pi = 3.1459d;
float f = 12.3f;
string name = "Tom";
```

需要注意的是，变量在使用之前必须经过初始化，也就是赋初值，否则编译器不允许在程序中使用这个变量。

4．类型转换

在加法运算器中，我们操作的都是整数，但是采用 ReadLine()方法接收到的则是一个字符串，因此这里我们就需要对用户的输入进行类型转换。在 C#中常用的类型转换方式有两种：Parse()方法和 Convert 类。

对于 Parse()方法，它的作用就是将字符串转换为指定的类型，它都是作为特定数据类型的一个方法存在的，因此它一般用于比较简单的类型转换，例如 int. Parse()、float. Parse()等。而 Convert 类则适用于更加复杂的类型转换，这个类提供了一系列的方法来帮助我们将一种类型的值转换为另外一种类型的值，例如 Convert.ToInt32()、Convert.ToDecimal()等。在我们的程序中，因为所需要的操作很简单，涉及的数据类型也不多，因此我们采用 Parse()方法来实现类型转换。有关 Convert 类的使用将在后面的章节中进行介绍。

1.4.3 实现加法运算器

在完成了所有的分析工作之后，我们就可以动手来完成加法运算器的制作了，其代码如下：

```
static void Main(string[] args)
{
//声明变量
```

```
        int num1 = 0, num2 = 0, result = 0;

        //接收用户的输入
        Console.Write("请输入第一个数字：");
        num1 = int.Parse(Console.ReadLine());

        Console.Write("请输入第二个数字：");
        num2 = int.Parse(Console.ReadLine());

        //计算结果
        result = num1 + num2;

        //输出结果
        Console.WriteLine();
        Console.WriteLine("您输入的第一个数字是：{0}；\n 您输入的第二个数字是：{1}；\n 它们
    的和是：{2}。", num1, num2, result);
        Console.ReadLine();
    }
```

在上面的代码中，我们首先声明了三个整型变量，并赋予它们初始值 0。然后通过两个相同的输出和输入结构来完成提示信息的输出和用户输入的接收，这里我们用到了类型转换，将用户输入的字符串转换成为整型。最后，我们完成了一个数学运算，通过"+"运算符将两个变量相加并赋给第三个变量 result。在使用一个 WriteLine() 方法实现换行后，我们用一个复杂的输出语句来显示最终的结果，在这条语句中我们用到了占位符"{0}"，它的作用和 C 语言中占位符的作用是一样的。

1.5 计算器

通过前面的学习，我们已经可以接收用户的输入，在程序中对用户的输入进行简单的处理，并且将处理的结果反馈给用户，这已经具备了程序的基本要素。但是，这些很显然是不够的，没有人喜欢一个只能做加法的运算器，因此我们还需要继续深入地开发计算器。

1.5.1 问题

一个完整的计算器至少应该能够完成加、减、乘、除的运算，所以接下来我们将继续开发加法运算器，将其做成一个能够完成加、减、乘、除运算的简单的计算器，如图 1-14 所示。

尽管这个计算器很简单，而且这个计算器和我们在前面制作的加法运算器非常相似，但是还是有了不小的改进，其中最主要的地方在于我们已经可以根据用户输入的运算符来决定运算方式了。

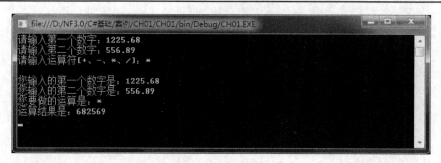

图 1-14　计算器

1.5.2　需求分析

1. 运算符

在大多数程序中都要进行数学运算，这时候算术运算符就是不可缺少的，表 1-3 中列出了常见的算术运算符。

表 1-3　算术运算符

运　算	算术运算符	C#表达式
加	+	a + b
减	-	a - b
乘	*	a * b
除	/	a / b
求余	%	a % b

在使用算术运算符的时候有些地方需要我们格外注意，尤其是要注意不要将代数中的运算习惯带入计算机中，比如在代数运算中 6/4 得到的是 1.5，但是在计算机中 6/4 得到的却是 1，因为两个整数操作的结果只能是整数。当然有些操作无论是代数运算还是计算机运算都是一样的，比如 6+5*2 在代数运算和计算机运算中的结果都是 16。

除了算术运算符外，C#中还有关系运算符，表 1-4 中列出了常见的关系运算符。

表 1-4　关系运算符

运　算	运算符	C#表达式
相等	=	a = b
不相等	!=	a != b
大于	>	a > b
小于	<	a < b
大于等于	>=	a >= b
小于等于	<=	a <= b

关系运算符在使用的时候经常会遇到优先级的问题，很多资料中都会列出一个长长的表格，将各种运算符的优先级列出来，其实完全不用这样，一个简单的解决方法就是使用"()"，因为它具有一个很重要的功能，就是提升优先级。

2．条件语句

作为一名程序员，一旦我们决定要求用户输入信息，那么我们就必须面对一个无法回避的问题：用户不按要求输入！例如，程序要求用户输入 1，但是用户不小心输入了 2，很显然程序在这里必须要对用户的输入进行相关验证，并将验证的结果反馈给用户。这时，我们就需要根据不同的情况来决定我们所要做的事情，那么条件语句就是我们的最佳选择了。在 C#中条件语句有两种：if…else 结构和 switch 结构。

条件语句可以根据条件是否满足或根据表达式的值控制代码的执行路径，对于条件分支，C#继承了 C 和 C++的结构，因此对我们来说并不陌生，即

```
if(条件表达式)
        程序语句
[else if
        程序语句
else
        程序语句]
```

在使用的过程中，需要注意以下几点：

(1) 条件表达式必须返回布尔值。

(2) 如果程序语句是多条语句，就需要用大括号"{}"把这些语句组合成为一个块。

(3) else if 结构和 else 结构都是可选的，因此可以单独使用 if 语句，也可以将它们集合在一起来使用。

(4) else if 语句的数量是不受限制的，可以根据需要写一个或多个。

在我们制作的计算器中，运算符需要用户输入，这时我们就可以通过条件语句来判断用户的输入：

```
//加
if (op == "+")
        result = num1 + num2;

//减
if (op == "-")
        result = num1 - num2;

//乘
if (op == "*")
        result = num1 * num2;

//除
if (op == "/")
        result = num1 / num2;
```

我们亦可以采用下面的方式：

```
if (op == "+")//加
```

```
            result = num1 + num2;
        else if (op == "-")//减
            result = num1 - num2;
        else if (op == "*")//乘
            result = num1 * num2;
        else if (op == "/")//除
            result = num1 / num2;
        else
            Console.WriteLine("您的输入有误！");
```

上面两个代码片段实现的功能是一样的，区别只是所采用的条件语句的结构不同。相比较而言，第二个代码片段的结构更加紧凑，而且可以明显地看出来这是一个完整的多分支的判断结构。

switch...case 语句是 C#中另外一个用于分支判断的结构，它适合从一组互斥的分支中选择一个执行。其形式是 switch 参数的后面跟着一组 case 子句，如果 switch 参数中表达式的值等于某个 case 子句旁边的值，就执行该 case 子句中的代码：

```
        switch(参数)
        {
            case 值 1:
                [break;]
            case 值 2:
                [break;]
            [default:
                break;]
        }
```

对于 switch 结构来说，我们在使用的时候也需要注意以下几点：

(1) case 子句是不需要使用"{}"符号的。

(2) case 子句的值必须是常量表达式，不允许使用变量。

(3) 如果 case 子句只有值而没有语句，则可以不写 break，否则 break 是不能少的。

(4) default 子句的作用是，如果表达式的值不符合任何一个 case 子句的值，就执行 default 子句的代码。它不是必需的，但是作为一个好的编程习惯，强烈建议在 switch 结构中加上 default 子句。

我们可以使用 switch 结构来完成上面的判断：

```
        switch (op)
        {
            case "+":
                result = num1 + num2;
                break;
            case "-":
                result = num1 - num2;
```

```
                break;
        case "*":
                result = num1 * num2;
                break;
        case "/":
                result = num1 / num2;
                break;
        default:
                Console.WriteLine("您的输入有误！");
                break;
    }
```

　　在上面的代码中我们采用了 switch 结构来完成对用户输入的判断，参数是用来存放用户输入的变量 op，四个 case 分别对应加、减、乘、除运算，最后的 default 子句用来处理用户的错误输入。

1.5.3　实现计算器

　　有了运算符和条件语句，我们就可以来完成计算器的制作了：

```
static void Main(string[] args)
{
    //声明变量
    float num1 = 0, num2 = 0, result = 0;
    string op = "";

    //接收用户输入
    Console.Write("请输入第一个数字：");
    num1 = float.Parse(Console.ReadLine());

    Console.Write("请输入第二个数字：");
    num2 = float.Parse(Console.ReadLine());

    Console.Write("请输入运算符[+、-、*、/]：");
    op = Console.ReadLine();

    //完成运算
    #region  方法一

    //加
    if (op == "+")
        result = num1 + num2;
```

```
//减
if (op == "-")
    result = num1 - num2;

//乘
if (op == "*")
    result = num1 * num2;

//除
if (op == "/")
    result = num1 / num2;

#endregion

#region 方法二

if (op == "+")//加
    result = num1 + num2;
else if (op == "-")//减
    result = num1 - num2;
else if (op == "*")//乘
    result = num1 * num2;
else if (op == "/")//除
    result = num1 / num2;
else
    Console.WriteLine("您的输入有误！");

#endregion

#region 方法三

switch (op)
{
        case "+"://加
            result = num1 + num2;
            break;
        case "-"://减
            result = num1 - num2;
```

```
            break;
        case "*"://乘
            result = num1 * num2;
            break;
        case "/"://除
            result = num1 / num2;
            break;
        default:
            Console.WriteLine("您的输入有误！");
            break;
    }

    #endregion

    Console.WriteLine();
    Console.WriteLine("您输入的第一个数字是：{0}\n 您输入的第二个数字是：{1}\n 您要做的运
    算是：{2}\n 运算结果是：{3}", num1, num2, op, result);

    Console.ReadLine();
}
```

在上面的代码中，我们首先声明了几个变量，分别用来存放用户输入的数字和操作符，然后通过三个 ReadLine()方法接收用户的输入，接下来分别采用了三种方式来实现计算器，最后将运算结果反馈给用户。

1.6　总结

本章主要介绍了 C#的基本语法，包括编写简单的 C#控制台应用程序所需要掌握的内容，其中有许多是 C 语言中已经学习到的。本章的内容比较简单，但是它是以后学习更复杂 C#的基础，熟练地掌握本章内容将会对我们以后的学习很有帮助。

1.7　上机部分

1.7.1　本次上机课总目标

(1) 熟悉 VS2010 开发环境，制作控制台应用程序；
(2) 掌握转义序列的使用方法；
(3) 掌握输入/输出和变量的应用；
(4) 掌握分支判断结构的应用。

1.7.2 上机阶段一(10 分钟内完成)

1. 上机目的

熟悉 VS2010 开发环境，制作控制台应用程序。

2. 上机要求

使用 VS2010 创建一个控制台应用程序，项目名称为 CH01Lab。

3. 实现步骤

按图 1-15 所示创建控制台应用程序。

图 1-15　创建 CH01Lab

4. 特别要注意的内容

最好将上课案例和上机案例放在一起。

1.7.3 上机阶段二(20 分钟内完成)

1. 上机目的

掌握转义序列的使用方法。

2. 上机要求

转义序列在 C#控制台应用程序输出控制中非常有用，但并不是所有的初学者都能够知道转义序列的作用，现在要求我们制作一个简单的控制台应用程序，将常用的\n、\r、\t 三个转义序列的作用输出，运行效果如图 1-16 所示。

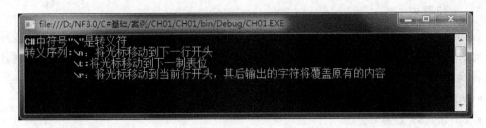

图 1-16 转义序列说明

3. 实现步骤

(1) 将项目 CH01Lab 中的 Program.cs 文件改名为 LabExample01.cs。

(2) 在 Main 方法中按照图 1-16 所示的要求输出内容。

4. 特别要注意的内容

灵活运用转义符和输出方法。

1.7.4 上机阶段三(35 分钟内完成)

1. 上机目的

掌握输入/输出和变量的应用。

2. 上机要求

在很多应用程序中，都需要用户进行身份注册，在注册的时候一般都需要用户提供电子邮箱地址以方便联系。为了对用户输入的电子邮箱进行验证，现在需要我们制作一个小程序，由用户输入自己的用户名和邮箱服务器域名，程序则将它们组合成为一个完整的电子邮箱地址，运行结果如图 1-17 所示。

图 1-17 电子邮箱验证

3. 实现步骤

(1) 在项目 CH01Lab 中新建一个类文件 LabExample02.cs。

(2) 编写程序读取用户输入的用户名。

(3) 编写程序读取用户输入的邮箱服务器域名。

(4) 输出组合后的电子邮箱地址。

1.7.5 上机阶段四(35 分钟内完成)

1. 上机目的

掌握分支判断结构的应用。

2．上机要求

我国一般考试分数采用的是百分制，而欧美很多国家采用的是 5 分制，为了更好地进行对比，需要我们制作一个简单的转换程序，用户输入自己的百分制分数，我们的程序则将其转换成为 A、B、C、D、E 这样的 5 分制，转换标准如下：

- 90 分及以上为 A；
- 80 分～89 分为 B；
- 70 分～79 分为 C；
- 60 分～69 分为 D；
- 60 分以下为 E。

整个程序运行效果如图 1-18 所示。

图 1-18　分数转换

3．实现步骤

(1) 在项目 CH01Lab 中新建一个类文件 LabExample03.cs。

(2) 通过 if 结构实现分数转换。

(3) 运行并测试效果。

1.7.6　上机作业

(1) 编写一个程序，让用户输入三个数字，取得这三个数字并显示其和、平均值、积、最小数和最大数。

(2) 编写一个程序，计算并输出 0～10 的平方和立方，如图 1-19 所示。

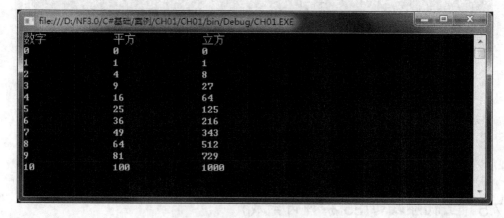

图 1-19　计算 0～10 的平方和立方

习题

一、选择题

1. 有 C#代码如下：

```
using System;

public class Exec
{
    public static void Main()
    {
        _____;
    }
}
```

在横线处填入(　　)都可输出 C# is simple。(选 2 项)

A．Console.PrintLine("C# is simple")

B．Console.WriteLine("C# is simple")

C．System.Console.WriteLine("C# is simple")

D．Console.Output.WriteLine("C# is simple")

2. C#中，声明一个带参数的 Main 方法，代码为(　　)。(选 1 项)

A．static void Main()　　　　　　　　B．static void Main(string[])

C．static void Main(string[] args)　　　　D．static void Main(string * args)

3. 属于 C#语言关键字的是(　　)。(选 1 项)

A．namespace　　　B．camel　　　C．salary　　　D．employ

4. 下列代码的输出结果是(　　)。(选 1 项)

```
int year = 2046;

if (year % 2 == 0)
    Console.WriteLine("进入了 if");
else if (year % 3 == 0)
    Console.WtiteLine("进入了 else if");
else
    Console.WriteLine("进入了 else");
```

A．进入了 if　　　　　　　　　　B．进入了 if
　　　　　　　　　　　　　　　　　进入了 else

C．进入了 else　　　　　　　　　　D．进入了 if
　　　　　　　　　　　　　　　　　进入了 else if
　　　　　　　　　　　　　　　　　进入了 else

5. 下图属于(　　)窗口的一部分(　　)。(选 1 项)

A．解决方案管理器　　　　　　　　　　B．工具箱

C．服务资源管理器　　　　　　　　　　D．类视图

6. 下面对 Write()和 WriteLine()方法的描述，正确的是(　　)。(选 2 项)

A．WriteLine()方法在输出字符串的后面添加换行符

B．使用 Write()输出字符串时，光标将位于字符串的后面

C．使用 Write()和 WriteLine()方法输出数值变量时，必须要先把数值变量转换成字符串

D．使用不带参数的 WriteLine()方法时，将不会产生任何输出

7. 下面(　　)是合法的变量名。(选 1 项)

A．Wangyexx.com　　　B．CSharp　　　　　C．99$　　　　D．Main

8. C#是一种(　　)的语言(　　)。(选 1 项)

A．面向过程　　　　　B．面向机器　　　　C．面向对象　　　D．面向事物

9. 以下(　　)不是.NET 框架所要实现的目标。(选 2 项)

A．提供一个一致的面向对象的编程环境

B．提供一个不需要编程的环境

C．提供一个将软件部署和版本控制冲突最小化的代码执行环境

D．提供一个所有代码都可以执行的环境

10. 下列代码运行的结果为(　　)。(选 1 项)

```
string day = "星期一";

switch (day)
{
    case "星期一":
    case "星期三":
    case "星期五":
        Console.WriteLine("去上课");
    case "星期六":
        Console.WriteLine("聚餐");
```

```
    case "星期日":
        Console.WriteLine("逛街");
    default:
        Console.WriteLine("睡觉");
    }
```

A．去上课　　　　B．去上课　　　　C．什么都不输出　　D．编译出错

　　　　　　　　聚餐

　　　　　　　　逛街

　　　　　　　　睡觉

二、简答题

1. 简要说明 C#代码编译的过程。

2. 小菜在他的控制台应用程序中建立了三个 cs 文件，每个文件中都写有 Main 方法的一个类，但是运行的时候总是只运行第一个 Main 方法，指出他的问题所在，并给出解决方案。

3. 简要说明 C#中转义序列\n、\t、\r 的作用。

4. 在小菜设计的应用程序中，需要根据用户的输入来完成特定的操作，用户的输入只能是几个固定值，那么他最好选择哪种条件语句？为什么？

三、代码题

1. 试写出 C#控制台应用程序的输入/输出语句。

2. 试写出 C#中条件语句的语法结构。

第2章　基本语法(二)

上一章介绍了 C#的一些基本知识，通过几个控制台应用程序，我们也学习了如何运用这些知识，同时也发现只是使用第 1 章的内容是很难制作出令人满意的应用程序的，至少无法完成复杂的应用程序。在本章中，我们将继续介绍 C#的基本语法，通过对数组和循环的学习，我们将能够制作出更加复杂的应用程序。

本章的基本要求如下：

(1) 掌握 C#中数组的定义和使用；

(2) 掌握 C#中循环的定义和使用；

(3) 掌握二维数组的定义和使用；

(4) 掌握嵌套循环及其流程控制。

2.1　音像店管理

如果我们有一个音像影碟的出租店，那么该如何管理呢？面对成千上万的各种影碟如何快速找到用户所需要的那一个？此时，我们需要有一个完善的管理体系、良好的管理制度以及高效的管理工具。本章要讨论的就是这个高效的管理工具。

2.1.1　问题

我们仍然借助程序来制作这个管理工具，其运行界面如图 2-1 所示。

图 2-1　音像店管理程序

很显然这是一个相对复杂的程序，我们需要完成以下功能：

(1) 在程序中保存我们所拥有的电影信息，至少是电影的名称。

(2) 根据用户的输入查找相应的电影编号。

(3) 如果用户输入的电影没有找到，就继续输入查找。

当然还会有其他很多需求，但是罗马城不是一天建成的，我们也需要循序渐进，通过一步步的学习，逐步完成整个系统的功能需求。

2.1.2　需求分析

1. 数组

要完成音像店管理程序，第一个要面对的问题就是如何保存成千上万部电影的信息，至少是电影的名称。稍加分析我们就会发现，这些电影的名称需要用字符串类型的变量来保存，而且这些变量的数量还不少，很显然我们不可能在程序中定义几百个字符串类型的变量，所以我们需要用数组来完成这个任务。

数组就是一组具有相同类型变量的集合，数组成员具有相同的名称，区别它们的方式是下标，这点很吸引人，因为不用考虑为每一个变量起名字了。C#中定义变量的语法如下：

```
数据类型[] 数组名称;
```

很奇怪，为什么 C#中的数组没有指定长度？原因在于 C#中的数组需要初始化，其长度是在初始化的时候指定的，初始化的方式是使用 new 关键字：

```
int[] arr1 = new int[5];
int[] arr2 = new int[5]{1,2,3,4,5};
int[] arr3 = new int[]{1,2,3,4,5};
int[] arr4 = {1,2,3,4,5};
```

以上代码都是 C#中数组的初始化方式，比较 C 语言中的数组我们会发现明显的不同。当然也存在相同的地方，通过下标操作就是其中一个，C#数组成员都有一个从零开始的下标，所以使用起来很方便：

```
int i = arr1[0];
arr2[1] = 100;
```

在使用数组的时候也要特别小心，因为经常会出现一些错误：

```
int arr1[] = new int[5];
int[] arr1 = new int[3]{1,2};
int[] arr2 = new string[5];
```

第一行代码中数组名称放在了类型和中括号中间；第二行代码中数组的长度和赋值的数量不相等；第三行代码中数据类型不一致。这些都是我们在使用数组的过程中经常会碰到的问题。

现在我们就可以解决电影名称保存的问题了，我们只需要一个字符串类型的数组就够了：

```
string[] films = new string[5];
films[0] = "超级战舰";
films[1] = "变形金刚 3";
films[2] = "阿甘正传";
films[3] = "肖申克的救赎";
films[4] = "失恋 33 天";
```

在上面的代码中我们首先声明了一个长度为 5 的字符串类型的数组，然后通过 5 条赋值语句分别为数组的 5 个成员进行赋值，这样我们就在程序中保存了 5 部电影的名称。如果需要保存更多电影名称，则可以增加数组的长度。

2．循环

接下来我们就要面对第二个问题了：如何在数组中查找相应电影的编号。一个很明显的思路是将数组中的每一个成员的值和用户所要查找的值依次进行对比，相同的就是用户所要找的那部电影。这里有一个对比的过程，因此肯定要用到第 1 章中学习到的分支判断。那么，依次进行比较很自然就要用到循环了。

在 C 语言中，我们学习过三种循环结构：do…while 结构、while 结构和 for 结构，在C#语言中有四种循环结构，表 2-1 中列出了 C 语言和 C#语言循环结构的对比。

表 2-1　C 语言和 C#语言循环结构的对比

循环语句	C 语言	C#语言
do…while	do{…}while(条件)//语法和操作相同	
while	while(条件){…}//语法和结构相同	
for	for(初始值;条件;增/减){…}//语法和结构相同	
foreach	无	新特性

通过表 2-1 的对比我们发现，C#基本上继承了 C 语言的循环结构，只是增加了 foreach这样一个新的循环结构，因此下面将重点介绍 foreach 循环结构。

在表 2-1 的前三种循环结构中，我们会发现它们是有一些共同点的，例如它们都有一个显式的条件判断以决定是否开始或者继续循环，它们都需要一个循环控制变量来控制循环条件成立与否。而在 foreach 循环结构中这些都不存在了。事实上 foreach 循环结构是一个完整的遍历过程，它主要用于遍历集合或数组，其语法结构如下：

```
foreach(元素类型 变量名 in 集合或数组)
{
        语句
}
```

foreach 结构的工作过程是这样的：将数据或集合中的元素依次提取出来，放入到"变量名"中，在循环体语句中就可以通过对这个变量的操作来间接操作数组或集合成员。因此就要求"变量名"的数据类型，也就是"元素类型"，要和集合或数组的类型相同或者能够进行自动转换。

我们可以通过下面的例子来学习 foreach 结构：

```
static void Main()
{
        string str = null;

        Console.Write("请输入一个字符串：");
        str = Console.ReadLine();

        Console.WriteLine("转换结果：");
```

```
        foreach (char c in str)
        {
            Console.WriteLine(c);
        }

        Console.ReadLine();
    }
```

上面例子的作用是将用户输入的字符串转换成竖向输出，在这个例子中我们首先声明了一个字符串类型的变量用于接收用户的输入，然后通过 foreach 结构进行输出。我们知道字符串实际上可以看做一个字符数组，因此在上面的循环结构中"数据或集合"自然就是我们声明的那个字符串变量了，而"元素类型"自然就是字符类型的了。

接下来我们就来使用 foreach 循环结构实现电影查找功能：

```
        foreach (string s in films)
        {
            if (s == name)
                Console.WriteLine("找到了！");
        }

        Console.WriteLine("没找到！");
```

在上面的代码中，films 就是我们定义的存放电影名称的数组，name 则是用来存放用户输入的电影名称的变量，这里我们做了简化处理，只是通知用户有没有找到。另外，我们将说明没找到的语句需要放在循环体的外面，而不是写在条件语句中，这是为什么呢？原因很简单：我们只需要在所有的电影都比较完了以后才能确定找到了没有。

3．break 和 continue

在正常情况下，循环会按照我们事先的设定完成整个过程，但是有些时候我们并不需要完成所有的循环就可以实现功能。例如，在上面的程序中，即使用户第一时间找到自己要找的电影，程序也会忠实地完成后面的循环，尽管这些工作已经变得没有必要了。这样的过程会让程序变得效率低下，而一个好的程序员不但要把程序制作出来，还要让程序尽可能高效，因此我们有必要对上面的代码进行改进。

优化的方式就是采用 break 和 continue。break 的作用是强制结束循环，并执行循环后的语句。continue 的作用是强制结束本次循环，开始下一次循环。我们会发现它们的用法和 C 语言中的是一样的：

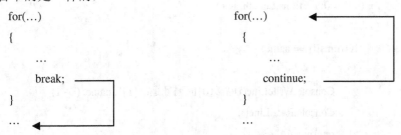

这样我们就可以将我们的程序进行适当的改进：

```
foreach (string s in films)
{
    if (s == name)
    {
        Console.WriteLine("找到了！");
        break;
    }
}
```

在上面的代码中我们增加了一行 break 语句，这样如果用户输入的电影名称找到了，程序就会跳出循环结构。虽然只是一个小小的改进，但是我们会发现在最好的情况下，程序只需要执行一个循环就可以了。读者也可以尝试采用另外两种循环结构来完成电影查找的功能。

2.1.3 实现音像店管理

下面是完整的音像店管理程序：

```
static void Main(string[] args)
{
    string[] films = new string[5];
    films[0] = "超级战舰";
    films[1] = "变形金刚 3";
    films[2] = "阿甘正传";
    films[3] = "肖申克的救赎";
    films[4] = "失恋 33 天";

    while (true)
    {

        Console.Write("请输入您要查找的电影名称：");
        string name = Console.ReadLine();

        for (int i = 0; i < films.Length; i++)
        {
            if (films[i] == name)
            {
                Console.WriteLine("电影{0}的编号是：{1}", name, (i + 1));
                Console.ReadLine();
                return;
```

```
            }
        }

        Console.WriteLine("电影{0}没有找到！请重新输入！", name);
        Console.WriteLine();
    }
}
```

将上面的代码与分析阶段所写的代码进行对比，我们会发现几个明显的不同。首先是多了一个大大的 while 循环，而且还是一个死循环，这是为了实现让用户反复输入的功能，当然这么做是有些问题的，因为可能会出现无法退出的问题。其次，我们将原来 for 循环中的 break 换成了 return，这么做的原因是 break 只能退出 for 循环，而在这个循环之外还有一个 while 循环，所以用 break 将无法达到我们想要的效果，而 return 的作用就是退出当前过程，用在 Main 函数中就可以起到结束程序的效果。

当然，上面的程序其实只有一些简单功能，实际上我们还有很多工作要做，比如找到了电影怎么办？如果店里有这个电影但是已经租出去了怎么办？像这样的功能需求我们现在暂时无法完成，但是我们会在以后的学习中逐步地实现它们。

2.2　竞赛分数统计

竞赛是我们经常会碰到和参与的活动，只要是竞赛一般都需要评出名次，而评比的依据很多都是根据竞赛过程中参与方的分数来确定的，参与方通过各种竞赛活动来获得相应的分数，最终将所有参与方获得的分数放在一起，根据规则来进行评比，从而排出名次。

事实上，绝大部分的计算机软件其实质也都是这样的，收集并存储数据，然后根据用户所制定的各种规则、逻辑、过程等处理数据，最终将结果按照用户的要求呈现出来，以帮助用户做出决策。而软件之间的差异则主要表现在数据的采集方式、加工过程和呈现手段上的不同。而这其中数据的加工过程是最为重要的环节。

2.2.1　问题

南方学院每年都会在不同的年级和班级之间组织各种各样的比赛，以提高学员的能力。在比赛结束后都需要进行分数的统计，原来的手工统计不但速度慢，而且还容易出现错误，因此学院打算通过计算机来完成这个工作，现在需要我们制作一个简单的验证程序，以证明计算机评分是可行的，验证程序的运行结果如图 2-2 所示。

因为这只是一个验证程序，需要处理的数据不多，功能需求也比较简单：

(1) 只有 3 个班，每班 4 位学员参加比赛。

(2) 需要按照不同的班级接收这些学员的分数信息。

(3) 统计每班的总分和平均分并输出。

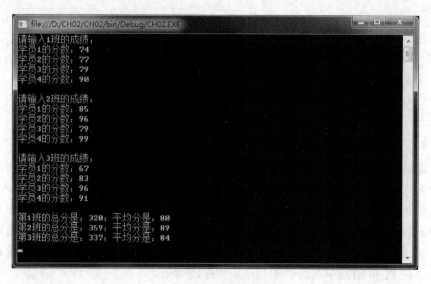

图 2-2   计算机评分

2.2.2   需求分析

1. 二维数组

在这个测试程序中，虽然需要我们处理的数据量并不大，但是却比以前我们制作的程序要复杂，实际上我们需要保存的数据是两组：班级和学员。很明显一般的数组是无法满足这个需求的，所以我们就需要引入新的数组——二维数组。

二维数组就是用两个索引标识特定元素的数组。二维数组也是数组，因此访问的时候依然是通过下标来访问的，和普通数组的区别在于普通数组只有一个下标，而二维数组有两个下标，这两个下标我们习惯称为行下标和列下标，如图 2-3 所示。

[0, 0]	[0, 1]	[0, 2]	[0, 3]
[1, 0]	[1, 1]	[1, 2]	[1, 3]
[2, 0]	[2, 1]	[2, 2]	[2, 3]

图 2-3   二维数组图形关系

二维数组在定义的时候需要在方括号中加上一个逗号，而在初始化的时候需要指定每一维的大小：

```
int[,] arr = new int[3, 4];
```

接下来，就可以使用两个整数作为索引来访问数组中的元素：

```
arr[0,0] = 1;
arr[0,2] = 2;
arr[1,1] = 3;
arr[2,2] = 4;
```

如果事先知道元素的值，也可以使用数组索引来初始化二维数组：

```
int[ , ] arr = {
        {1,2,3},
        {4,5,6},
        {7,8,9}
};
```

　　可以看到，用这种方式声明二维数组的时候，需要用一组嵌套在一起的大括号，外层的用来定义一维的长度，内层的用于定义二维的长度和初始值。

　　这样我们就可以通过一个二维数组来解决班级和学员信息的保存问题：

```
//声明二维数组
int[,] arr = new int[3, 4];

//录入数据
for (int i = 0; i < 3; i++)
{
        Console.WriteLine("请输入{0}班的成绩：", (i + 1));

        for (int j = 0; j < 4; j++)
        {
                Console.WriteLine("学员{0}的分数：", (j + 1));
                arr[i,j] = int.Parse(Console.ReadLine());
        }

        Console.WriteLine();
}
```

　　在上面的代码中我们首先声明了一个 3 行 4 列的二维数组，然后通过循环的方式让用户输入数据，由于是二维数组，因此需要用一个复杂的嵌套循环来完成。

2．嵌套循环

　　在上面的代码中我们还用到了另一个复杂的结构——嵌套循环。顾名思义，嵌套循环就是将两个以上的循环结构嵌套在一起使用。一般来说，在多维数组的操作过程中，嵌套循环是一个很有用的手段。比如在上面的例子中，我们用到了二重嵌套循环，因此我们手中就会有两个循环变量 i 和 j，这两个变量刚好帮助我们操作二维数组的行下标和列下标。那么以此类推，如果是三维数组，我们就需要一个三重嵌套结构。

　　嵌套循环是一种特殊的循环，比如循环变量要区分开来，否则循环结构就很难按照我们的想法来运行。其次，在嵌套循环中外层循环每运行一次，内层循环都要重新开始，就像钟表一样，时针从 1 点变为 2 点，分针就要从零开始重新计算。另外，在大部分情况下，具体的操作都是在嵌套循环结构的内层循环中完成的，因为外层循环只能控制一个下标，而内层循环能够控制多个下标。最后需要注意的是，嵌套循环是个比较复杂的结构，除非必要，否则尽量不要选择使用。对于新手来说，最好在使用之前绘制好流程图，这样在使用的时候会少走不少的弯路。

3．嵌套循环中的 break 和 continue

在循环结构中，break 的作用是跳出循环，而 continue 的作用是结束本次循环，进入下一轮循环。那么在嵌套循环中它们又会起到什么作用呢？

事实上，即使是在嵌套循环结构中，它们的作用依然没有发生变化，但是，所在的位置不同，所产生的效果也会发生很大的变化，例如：

```
for()                              for()
{                                  {
      for()                              for()
      {                                  {
            break;                       }
      }                                  break;
}                                  }
```

在上面的第一段代码中，break 语句的作用是退出内层循环，但是会继续实行外层循环，而在第二段代码中，break 语句的位置已经移到了外层循环中，因此将会退出整个嵌套循环结构。相应的，continue 语句的作用也是这样的，不同的位置会有不同的效果。

其实这个时候我们会发现一个复杂的循环嵌套结构再加上 break 和 continue 语句，整个程序会变得异常混乱，这时候一个条理清晰的流程图会给我们带来很大的帮助。事实上混乱的思路所带来的麻烦要远远大于复杂的代码，因此对于程序员尤其是对新手来说，绘制流程图可以帮助我们整理出清晰的思路，从而避免不必要的错误。

2.2.3 实现竞赛分数统计

在综合运用二维数组和嵌套循环后，我们就可以来完成竞赛分数统计了：

```
static void Main()
{
    //声明二维数组
    int[,] arr = new int[3, 4];

    //录入数据
    for (int i = 0; i < 3; i++)
    {
        Console.WriteLine("请输入{0}班的成绩：", (i + 1));

        for (int j = 0; j < 4; j++)
        {
            Console.Write("学员{0}的分数：", (j + 1));
            arr[i,j] = int.Parse(Console.ReadLine());
```

```
        }

            Console.WriteLine();
    }

        //显示结果
        for (int i = 0; i < arr.GetLength(0); i++)
        {
            int sum = 0;

            for (int j = 0; j < arr.GetLength(1); j++)
            {
                sum += arr[i, j];
            }

            Console.WriteLine("第{0}班的总分是：{1}；平均分是：{2}", (i + 1), sum, sum / 4);
        }

        Console.ReadLine();
    }
```

在上面的代码中，我们首先声明了一个三行四列的二维数组，然后通过一个二重嵌套循环结构为数组中的成员进行赋值，我们可以看到赋值操作放在了内层循环中，而外层循环只是起到一个提示的作用。这里我们用到了数组的 GetLength()方法，该方法的作用是取得数组的长度，括号中的参数是数组的维度。GetLength(0)即取得二维数组中第一维的长度，GetLength(1)则可以取得第二维的长度。

2.3　总结

本章主要介绍了数组和循环结构。数组作为集合管理的基本结构，在程序中有着特殊的地位，而其扩展多维数组更是我们处理复杂结构时的重要工具。关于循环结构我们重点介绍了 foreach 结构，因为其他的几种循环结构和 C 语言中的没有什么区别，所以就没有详细介绍。条件分支判断和循环是应用程序中的基本流程控制，掌握并熟练地运用它们是我们后续制作更复杂程序的基础。

2.4　上机部分

2.4.1　本次上机课总目标

(1) 掌握数组的使用；

(2) 掌握循环的使用；

(3) 掌握嵌套循环的使用。

2.4.2　上机阶段一(25分钟内完成)

1．上机目的

掌握数组的使用。

2．上机要求

随着电话的普及，逢年过节亲人朋友之间通过电话互致问候越来越普遍，我们都知道固定电话是有区号的，每个不同的地区都会有自己的区号，例如珠海的区号就是0756。现在需要我们制作一个简单的小程序，帮助用户查找区号所在的城市或者城市所用的区号。例如：在程序中输入"0756"，那么就能够查出这是珠海的区号；如果输入"珠海"，那么程序就会告诉其区号是0756。整个程序的运行结果如图2-4所示。

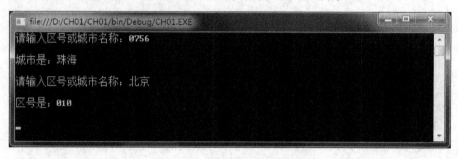

图2-4　电子邮件验证程序

3．实现步骤

(1) 新建一程序文件 LabExample01.cs。

(2) 定义一个字符串类型的二维数组。

(3) 输入测试用的城市名称和区号。

(4) 在 Main 函数中按照图2-4所示的要求完成程序。

2.4.3　上机阶段二(25分钟内完成)

1．上机目的

掌握循环的使用。

2．上机要求

在我们的日常生活中，投资是一个必需的理财手段，一般来说一笔投资是否划算我们都是和银行相应时间的定期存款做对比，比如一万元如果存在银行5年后能获得12 000元，那么我们的投资就要大于12 000元才划算。现在需要我们制作一个小程序，能够根据本金、利率和存款年限计算每年的金额，运行结果如图2-5所示。

图 2-5　复利计算

3．实现步骤

(1) 新建一程序文件 LabExample02.cs。

(2) 查询帮助，了解 Math.Pow()方法的使用。

(3) 在 Main 函数中按照图 2-4 所示的要求完成程序。

4．特别要注意的内容

(1) Math.Pow()方法的作用是计算指定数字的指定次幂。

(2) 输出的时候注意合理使用转义序列。

2.4.4　上机阶段三(50 分钟内完成)

1．上机目的

掌握嵌套循环的使用。

2．上机要求

作为一个程序员，需要掌握一些基本的算法，其中冒泡排序就是一个很经典的排序算法，这其中不但用到了数据，而且对嵌套循环的要求比较高。现在需要我们制作一个简单的冒泡排序的小程序，其运行结果如图 2-6 所示。

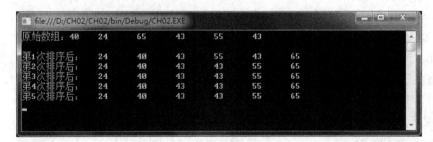

图 2-6　冒泡排序

具体要求如下：

(1) 原始数据根据随机数生成。

(2) 每次排序后都要将数组输出。

3．实现步骤

(1) 新建一程序文件 LabExample03.cs。

(2) 使用随机数生成数组并输出。

(3) 使用嵌套循环排序并输出。

2.4.5　上机作业

(1) 为了好好练习编程，我们决定为自己买一台电脑，去电脑城询问了 CPU、主板、内存、硬盘、显卡、光驱、主机、显示器等的价格。试编写程序，输入它们的价格，并从高到低排序后输出，同时计算出这台电脑的总价格。

(2) 编写一个程序，输出乘法口诀表，如图 2-7 所示。

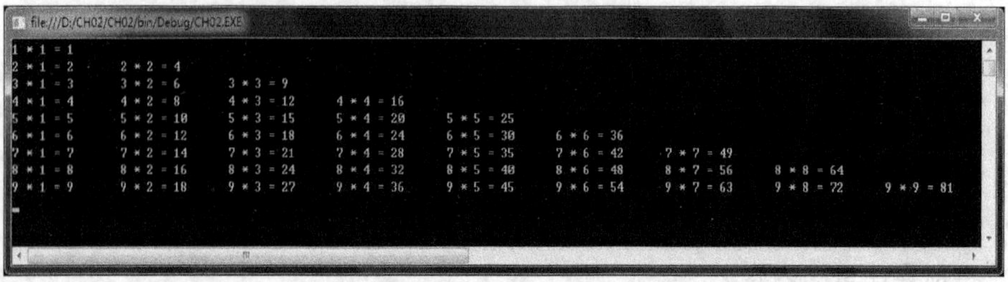

图 2-7　乘法口诀表

习题

一、选择题

1. 在 C#中定义一个数组，正确的代码为(　　)。(选 1 项)

A．int arr[] = new int[5];　　　　　　　B．int[] arr = new int[5];

C．int arr = new int;　　　　　　　　　D．int[5] arr = new int;

2. 在 C#中，下列代码的运行结果是(　　)。(选 1 项)

```
int[] age1 = new int[] { 10 , 20 };

int[] age2 = age1;

Age2[1] = 30;

Console.WriteLine(age1[1]);
```

A．0　　　　　　　B．10　　　　　　C．20　　　　　D．30

3. 有如下字符串数组：string[] movies = new string[]{"周一"，"周二"，"周三"，"周四"，"周五."}。下列描述错误的是(　　)。(选 1 项)

A．数组下标从 0 开始　　　　　　　　B．其中 movies[3] = "周四"

C．movies.Length = 5　　　　　　　　D．movies.Rank = 2

4. 当 n 大于等于 1 时，下列循环语句中输出语句执行的次数为(　　)。(选 1 项)

```
for (int i = 0; i < n; i++)

{

    if (i > n / 2)
```

```
            break;

        Console.WriteLine("循环...");
    }
```

A．n/2   B．n/2+1   C．n/2-1   D．n-1

5．先判断条件的循环语句是(   )。(选 1 项)

A．do...while   B．while   C．while...do   D．do...loop

6．以下一维数组的初始化正确的是(   )。(选 1 项)

A．int array[] = new int[5];   B．int[] array = new int[5]{0,1,2};

C．int[] array = {0,1,2,3,4};   D．int array[] = new int[5]{0,1,2,3,4}

7．以下程序的输出结果是(   )。(选 1 项)

```
    static void Main()
    {
        int i;
        int []a=new int[10];

        for(i=9;i>=0;i--)
            a[i]=10-i;

        Console.Writeline("{0}{1}{2}",a[2],a[5],a[8]);
    }
```

A．258   B．741   C．852   D．369

8．while 语句循环结构和 do...while 语句循环结构的区别在于(   )。(选 1 项)

A．while 语句的执行效率较高

B．do...while 语句编写程序较复杂

C．无论条件是否成立，while 语句都要执行一次循环体

D．do...while 循环是先执行循环体，后判断条件表达式是否成立，而 while 语句是先
    判断条件表达式，再决定是否执行循环体

9．若打印如下图案，则画线处应填入(   )。(选 1 项)

```
    * * * * *
    * * * *
    * * *
    * *
    *


    for (int i = 1; i <= 5; i++)
    {
        for (int j =____; j <= 5; j++)
            Console.Write("*");
```

```
        Console.WriteLine();
    }
```

A. 1　　　　　　B. i　　　　　C. i+1　　　　　D. 0

10. 以下这段代码实现一个长度为 6 的一维数组的冒泡排序,那么内层 for 循环的终止条件应填入( )。(选 1 项)

```
    for (i = 0; i < 5; i++)
    {
        for (j = 0; j < _____; j++)
        {
            if (scores[j] < scores[j + 1])
            {
                temp = scores[j];
                scores[j] = scores[j + 1];
                scores[j + 1] = temp;
            }
        }
    }
```

A. 5　　　　　　B. 4　　　　C. 5-i　　　D. 4-i

二、简答题

1. 人为初始化数据之前,数组的每个元素有值吗?

2. 给 5 个长度的数组只初始化 3 个值,行吗?

3. 访问数组时,越界访问会有问题吗?

4. 在循环中 break 和 continue 是必需的吗?为什么?

三、代码题

1. 创建如图 2-8 所示的二维数组并按图中要求填入值。

类型	米玛塔尔舰船	盖伦特舰船	艾玛舰船	加达里舰船
突击舰	美洲虎级 | 猎狼级	恩尤级 | 伊什库尔级	审判者级 | 复仇级	女妖级 | 战鹰级
隐形特勤舰	猎豹级 | 猎犬级	太阳神级 | 纳美西斯级	咒逐级 | 净化级	秃鹰级 | 蝎尾怪级
电子攻击舰	土狼级	克勒斯级	哨兵级	斯芬尼克斯级
驱逐舰	长尾鲛级	促进级	强制者级	海燕级
拦截舰	剑齿虎级	厄里斯级	异端级	飞燕级

图 2-8　二维数组

2. 采用嵌套循环编写程序输出如图 2-9 所示的结果。

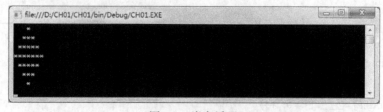

图 2-9　嵌套循环

第3章　类、对象、方法和属性

在前面两章中，我们通过几个简单的例子介绍了 C#的基本语法，了解了 C#程序的基本运行方式，但是我们也发现在前面的案例中，我们所制作的程序都过于简单，而且似乎和 C 语言没什么差别，这主要是因为我们没有用到 C#语言的一些特性所致，本章开始我们就通过一些更加复杂的案例来介绍 C#的特性。

本章的基本要求如下：

(1) 理解 C#中的类和对象；

(2) 熟练掌握类的定义与使用；

(3) 理解属性；

(4) 熟练掌握属性的定义与使用。

3.1　对象与类

面向对象的编程(Object Oriented Programming，OOP)是现在应用非常广泛的一种计算机编程架构，OOP 的一条基本原则是计算机程序是由一些独立的能够起到子程序作用的单元或对象组合而成的。因此，对象在整个 OOP 架构中的地位是很独特的，既然这样我们就从对象入手来学习 OOP。

3.1.1　对象

在整个 OOP 架构中对象是一个很基本但是又很难描述清楚的概念，它可以是一个真实存在的实体，如一辆红色的兰博基尼跑车或者一只可爱的小哈巴狗等，它也可以是一个很抽象的存在，比如数据库操作对象等，那么对于我们初学者来说该怎么理解它呢？

事实上，对于初学者来说，完全可以抛开那些让人眼花缭乱的概念，简单的理解对象就是用来说明某个物体的，比如一辆车、一本书或者一个人等。既然要说明某个物体，那就需要说明几个问题：它是什么？它能做什么？它如何与其他对象互动？

在程序中，一个对象是由三个最基本的要素组成的，即属性、方法和事件。

(1) 属性：用来告诉我们这个对象是什么，也就是描述和反馈对象的特征。比如一辆红色的兰博基尼跑车，其中颜色、品牌、类型等都是属性，而红色的、兰博基尼、跑车则是这些属性的值，看到这些属性值我们就可以想象出这样一辆车。属性一般使用短小的、意义明确的名词来标注，这样能够让用户很容易明白其含义。

(2) 方法：用来告诉我们对象能做什么，也就是对象的行为。比如一部可以打电话、发消息、拍照的 iPhone 手机，这里打电话、发消息、拍照都是手机所具有的方法，看到这些方法我们就知道这部手机能够用来完成哪些工作了。方法一般采用意义明确的动词来标注。

(3) 事件：用来告诉我们这个对象能发生什么事情，以及别的对象对这些事情的一个响应，也就是对象之间的互动。任何一个对象都只会对一些特定的动作做出响应，比如我们对一个人报以善意的微笑，这时候我们就触发了"微笑"这样一个事件，如果我们面对着一个好朋友，那他(她)也会以一个友好的微笑作为响应，但如果我们对着一个邮筒或者石墩子，那我们什么都得不到，因为人能够对"微笑"这个动作做出响应，而邮筒或石墩子就不行。

3.1.2　类

一个对象可能会有很多属性，比如一辆车会有颜色、品牌、长、宽、高等十几个属性，具体到程序中我们就需要用十几个变量来保存这些信息，如果程序中有很多个汽车对象该怎么办呢？难道真的要定义上百上千的不同的变量吗？很显然这种做法不切实际。

让我们换一个角度来考虑这个问题。如果我们将所有的汽车信息放置在一张 Excel 表格中，那么我们就会得到图 3-1 所示的表格。

	A	B	C	D	E	F
1	品牌	价格	尺寸	类型	国产/进口	生产厂商
2	RAV4	19.78万	4630*1815*1685	4挡自动	国产	一汽丰田
3	福克斯	9.98万	4342*1840*1500	5挡自动	国产	长安福特
4	骊威	9.58万	4178*1690*1565	4挡自动	国产	东风日产
5	骏捷	8.88万	4648*1800*1450	5挡自动	国产	华晨中华
6	奔驰ML350	89.80万	4804*1926*1796	7挡自动一体	进口	奔驰

图 3-1　汽车信息

我们会发现所有的汽车都可以用品牌、价格、尺寸等几个名词来进行说明，事实上这些也就是汽车的属性，既然这样我们是否可以用一个统一的结构来定义所有的汽车对象呢？在 C#中，类就可以帮助我们来完成这样一个工作。

在 OOP 中类被作为对象的模板使用，也就是说类是创建对象的模板，就好像盖房子所用到的设计图纸一样。每栋房子都包含有很多设计上的要求，同样的每个对象也都包含很多数据，并提供了处理和访问这些数据的方法。房屋设计图纸表明了施工过程中的各种标准和要求，同样的类定义了类的每个对象(称为实例)可以包含什么数据和功能。例如，我们可以定义一个汽车的类，那么每一个具体的汽车就可以看做是这个类的一个实例。我们还可以在类中定义属性，这样实例就可通过为这些属性赋值来保存具体的值，也可以在类中定义汽车所具有的各种方法，这样实例就可以通过调用这些方法来完成具体的操作。

很多初学者对如何分析设计类感到很棘手，事实上我们刚才分析的过程就是一个很不错的方法，先找到一个具体的例子，然后再延伸出几个相同或者相似的例子，将这些例子中相同的内容进行总结和抽象就可以得到我们想要的类，最后再通过将类具体到其他实例的方式进行验证，一个完整的类就可设计完成了。反复演练并掌握这个过程会对我们学习和理解 OOP 很有帮助。

3.1.3　定义与使用

在简单了解了类与对象的概念之后，接下来我们就来学习如何在 C#中定义和使用它们。C#中类的语法如下：

```
[访问修饰符] class  类名
{
          类成员
}
```

这其中，访问修饰符可以不写，但是为了方便我们一般使用 public，类名一般采用名字或名字短语，如 Car、FileStream 等，命名一般采用 Pascal 命名法，即首字母大写，其后每个单词的首字母都大写：

```
public class Car
{
    …
}
```

前面讲过，类其实只是一个模板，在使用的时候，一般都需要将类进行实例化，从而得到我们想要的对象，就好像房屋的设计图纸不能住人，要根据图纸盖出房子后才能够真正住人一样。将类实例化成一个对象的过程可以借助于 new 这个关键字来完成：

```
类 对象名称 = new  类();
```

比如我们想要一个汽车的实例：

```
Car myCar = new Car();
```

这样，我们就得到了一个名称为 myCar 的对象，这个对象就是类 Car 的实例。对象的命名规则和变量一样，一个大的原则是尽可能通俗易懂。从上面的分析实现过程我们会发现，将对象进行抽象就成为类，将类具体化就可以得到一个对象。

接下来我们就要继续扩展 Car 这个类。首先要让它具有信息存储的能力，这个任务可以交给类成员中的字段来完成。类的字段成员简单来说就是类当中所定义的变量，其语法结构如下：

```
[访问修饰符] class  类名
{
          [访问修饰符] 数据类型  字段名称;
}
```

其中访问修饰符是可选的，如果不写则字段默认为私有，也就是类的外部成员无法访问到该字段，如果希望外部成员能够访问，则可以将其设置为 public：

```
public class Car
{
    int price;
    public string Name;
}
```

在上面的代码中我们为 Car 这个类添加了两个字段：一个是 price，没有指定访问修饰符，因此它是私有的；另一个是 Name，指定为 public。这里有一个细节需要注意，类的公有成员遵循 Pascal 命名规范，而私有成员则采用驼峰命名规范，即从第二个单词开始首字母才需要大写。

字段的使用是通过对象来完成的，其语法如下：

　　对象.字段 = 值;//赋值

　　变量 = 对象.字段;//取值

不同的访问级别以及不同的位置对字段进行访问，其结果也会有所差异。例如上面我们定义的两个字段，如果是在 Car 这个类的外部使用，就会表现出差异，如图 3-2 所示。

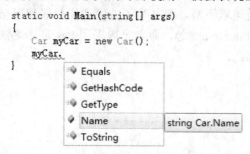

图 3-2　私有字段与公有字段的差异

我们会看到 myCar 这个对象只能够看到 Name 字段，而无法访问 price 字段，由于 Name 是公有的而 price 是私有的，因此 Name 可以在任何位置被访问，而 price 就不行。但是如果是在 Car 这个类的内部，那么这两个字段就都能够被访问到，如图 3-3 所示。

图 3-3　访问字段

公有字段虽然访问方便，但是如果直接用公有字段则会让程序很不安全：

```
public class Student
{
        public int Age;
}

public class Test
{
        static void Main()
        {
                Student tom = new Student();
                tom.Age = 1000;
        }
}
```

在上面的代码中我们声明了一个 Student 类，并且在类中定义了一个公有字段 Age，然后我们在 Main 方法中实例化 Student 类，并且为 Age 字段赋值。整个过程在语法上没有任何问题，可以编译运行，但是很显然这段代码是错误的，因为人的年龄不可能有 1000 岁，至少现在没有。这就是公有字段的问题：虽然能够被访问，但没有验证。要解决这个问题，我们有两种手段：方法和属性。我们先来看方法。

3.2 方法

方法是 OOP 中对象的一个组成要素，方法告诉我们对象能够做什么事情，通过调用某一对象的方法，我们就可以让该对象来完成一定的功能。比如：我们按下洗衣机的开始按钮，洗衣机就开始洗衣服；按下电视机的开关，就可以打开或者关闭电视。

3.2.1 方法的意义

对于对象的使用者来说，方法意味着简化操作。一台功能强大的洗衣机，我们所要了解的就是上面的那些按钮是做什么用的就可以了。一部新的智能手机，我们只需要知道如何打电话、发消息、安装软件等基本的操作就可以了。在使用者看来，好的设备就是操作简单、使用方便。试想，如果一台洗衣机在开始洗衣服之前需要设定电机转速、电压、电流、水流量等一堆专业的数据，那么就不会有人愿意使用这样的洗衣机。

对于开发者来说，方法则意味着封装和隐藏细节。封装是 OOP 的一个重要概念，其主要思想是：把程序按某种规则分成很多"块"，块与块之间可能会有联系，每个块都有一个可变部分和一个稳定的部分。我们需要把可变的部分和稳定的部分分离出来，将稳定的部分暴露给其他块，而将可变的部分隐藏起来，以便于随时可以让它修改。对开发者来说，好的方法设计就是良好的封装性。比如一台好的洗衣机，设计工程师就会将高转速、强水流等专业参数设置封装起来，给它们起个名字叫"洗牛仔衣裤"，将低转速、弱水流的专业参数设置封装成"洗丝质衣物"，这样对于使用者来说那些专业的参数设置就被隐藏起来，呈现在他们面前的就是诸如"洗牛仔衣裤"、"洗丝质衣物"等简单易懂的按钮了。

实际上，在解决实际问题的时候，我们需要开发的程序都是非常复杂的，代码量也非常大，这时候一个比较好的方法是将一个复杂的操作拆解成为若干个更容易管理的小组件，用一些小段的程序来实现，然后再将这些小的组件组合成为一个完整的操作，这种方法称为"分治方法"(Divide and Conquer)。熟练地掌握和运用分治方法将会让我们的开发变得更加简单和容易。

通过方法将程序拆解的一个目的就是"分治"，使程序开发更容易管理，可以从简单的、小型的块开始构造程序。例如生产汽车，就可以将汽车分成发动机系统、传动系统、车身系统等小的模块来生产，最后再组装起来。另一个目的是软件复用，谁都不喜欢做重复的工作，通过方法来拆解程序，就可以在新的程序中使用现有的方法作为建筑块，建立新程序。例如，要生产一种新的汽车的时候，我们就可以使用原来已经设计生产的发动机。

3.2.2 定义与调用

在 C#中，定义方法的语法结构如下：

```
[访问修饰符] 返回类型 方法名称([参数列表])
{
        方法体
}
```

方法的访问修饰符可以有很多，一般来说 public 和 private 两种用得最多，也可以根据情况来设定。返回类型可以是系统的类型，也可以是我们自定义的，如果没有返回则是 void。方法名称如果是公有方法，则采用 Pascal 命名法，即首字母大写，其后每个单词的首字母都大写；否则采用驼峰命名法，即首字母小写，其后每个单词的首字母都大写。参数列表则灵活得多，可以没有参数也可以有很多参数，可以是输入的也可以是输出的。

例如，我们可以定义一个用来打招呼的方法：

```
public void SayHello()
{
        Console.WriteLine("Hello There");
}
```

该方法我们定义为 public 的，这样大家都可以访问这个方法，返回则是 void，表明这个方法没有返回，因为是公有的，所以方法名称采用 Pascal 命名法，该方法没有参数，方法体也只有一行代码。这是一个简单的方法，当然功能也就很单一了。

方法的使用采用"对象.方法()"的方式来调用：

```
Example01 objA = new Example01();
objA.SayHello();
```

这里我们会注意到方法的调用多了一对圆括号，另外就是在第一行代码中我们创建了一个 Example01 类的实例对象 objA，因为前面我们讲过实例方法需要实例对象才能调用。

尽管大多数方法都是通过特定的对象来调用的，但是也存在这样一种方法，它们不是通过对象而是通过类来直接调用，这种方法可适用于声明该方法的整个类，被称为静态方法：

```
[访问修饰符] static 返回类型 方法名称([参数列表])
{
        方法体
}
```

静态方法的声明和实例方法没有太大的区别，其通过 static 关键字标识。静态方法在使用的时候不需要实例化类，而是通过"类.方法名()"的方式来访问，一般情况下我们会将静态方法设定为公有的以方便使用：

```
public static void SayHello()
{
        Console.WriteLine("Hello There");
}

static void Main()
{
```

```
        Example01.SayHello();
    }
```

在使用静态方法的时候要注意，类的实例成员可以访问其他实例成员和静态成员，但是类的静态成员就只能访问其他静态成员。

3.2.3 传参

大多数情况下，方法都是为了完成某个特定的任务而定义的，但是很多时候这个"特定的任务"都是会有一些细节上的差别。例如，为了让上面的 SayHello()方法更有意义，我们可以将方法修改为

```
        public void SayHello()
        {
                Console.WriteLine("Hello Tom");
        }
```

这样调用该方法就可以和 Tom 打个招呼，但是很显然这个方法只能和 Tom 打招呼，如果我们要和小菜打招呼怎么办呢？要么我们重新定义一个和小菜打招呼的方法，要么将 Tom 换成小菜，但是无论采用哪种方式，都没有改变问题的本质：这个方法太"死"了，无法适应一丁点的改变。

为了能够让方法变得"活"一些，我们需要对这个方法进行改造。仔细分析一下方法和需求，我们就会发现其实改变的只是方法中人物的姓名，那么如果能够将程序中的"Tom"换成一个变量，比如 name，这样我们的方法就可以和具体的人名无关了。

接下来的问题就是我们必须让用户来决定这个变量的值，因为如果我们说了算的话那这个变量就没必要定义了。实现的方式就是将变量变成方法的参数。参数是方法与外界进行信息交流的一个通道，方法的使用者可以通过参数将数据传递到方法中进行处理，在 C#中方法参数的定义方式是：

```
        [访问修饰符] 返回类型 方法名称([参数类型 参数名称 1，参数类型 参数名称 2，……])
        {
                方法体
        }
```

参数类型可以是系统类型，也可以是用户自定义类型，参数的名称的命名方式与变量类似，事实上在方法中设定的参数可以在方法体内以变量的方式来使用，一个方法可以带多个参数，但是在同一个方法的参数列表中不能出现两个类型和名称完全相同的参数。

在 SayHello()方法中，我们可以通过定义方法的参数让它"活"起来：

```
        public void SayHello(string name)
        {
                Console.WriteLine("Hello " + name);
        }
```

经过这样的改造，用户再调用这个方法时，就可以通过为参数传递不同的用户姓名来决定这个方法是和谁打招呼的：

```
        Example01 objA = new Example01();
```

```
objA.SayHello("Tom");
objA.SayHello("小菜");
```

在上面的代码中,我们首先创建了 Example01 类的一个实例,然后调用了两次 SayHello() 方法,每次调用的时候都输入不同的人名作为参数,这样两次调用就可以得到不同的结果。

经过上面的分析演化过程可以看到,对于初学者来说,一开始就写出一个很完美的方法是不现实的,最好的方式还是循序渐进,先将所要做的事情进行分析,确定哪些操作要放在方法中。然后根据分析的结果写出一个"死"的方法,通过调用这个方法来确定我们的分析是否正确。如果不正确则重新开始分析;如果没问题,接下来就找出方法中哪些内容影响了方法的灵活性,通过将这些内容变成参数的方式来让整个方法"活"起来。这个过程需要我们反复练习,当我们成为一个"熟手"的时候,我们就可省略其中的几步,直接写出满意的方法。

3.2.4 返回

正常情况下,一个操作完成后都应该有一个反馈。比如:按下电视机的开关,电源指示灯就从红色变成蓝色;用遥控器调节空调,空调就会发出声响。在我们的程序中,一个方法在执行完毕后也需要有一个反馈信息,以告诉用户执行的结果,这个反馈我们可以用方法的返回来实现。

在 C#中,方法的返回只需要指定类型,其值是在方法体中通过 return 语句给出的:

```
public int Add(int x,int y)
{
    return x + y;
}
```

上面是一个非常简单的加法计算器,该方法需要两个整型参数 x 和 y,返回也是一个整数,即两个数字的和,通过 return 语句将两个结果返回给方法的调用者。作为方法的使用者,就需要有一个和方法返回类型相同的变量来"接住"方法的返回:

```
Example01 objA = new Example01();
int sum = objA.Add(12,34);
Console.WriteLine(sum);
```

这个方法的使用和上面的没有太大的区别,不同的地方就是在调用方法的时候通过一个变量 sum 类保存方法返回的值。方法的返回类型可以是系统类型,也可以是我们自定义的类型,如果无返回则指定为 void。

3.2.5 构造

一个类可以包含很多特殊的方法,其中最为常见的就是构造方法,又称为构造函数或构造器。构造方法的作用是在创建对象的时候初始化类的对象。如果一个类包含若干个字段,当我们创建和使用这个类的对象时,我们会这样做:

```
public class Student
{
    public string Name;
```

```
        public int Age;
    }

    static void Main()
    {
        Student tom = new Student();
        tom.Name = "Tom";
        tom.Age = 25;
    }
```

上面的代码是一个标准的类定义和使用的过程，整个程序没有任何问题，但是能不能更简单一些呢？如果我们在创建对象的时候就知道姓名和年龄了，能不能在创建的时候就直接赋值呢？这时候我们就可以通过构造方法来简化操作：

```
    public class Student
    {
        public Student(string name,int age)
        {
            Name = name;
            Age = age;
        }

        public string;
        public int Age;
    }

    static void Main()
    {
        Student tom = new Student("Tom",25);
    }
```

在上面的代码中，我们为类 Student 添加了一个构造方法，这样在创建这个类的对象时，我们就可以直接将姓名和年龄的值通过构造方法赋给对象以达到简化操作的目的。

构造在使用的时候有几个特点我们要注意。首先要明确的就是构造是一个方法，当然它是一个特殊的方法，主要有以下几点不同：

(1) 构造必须与包含它的类同名，这也是构造的标志。

(2) 构造没有返回。

(3) 构造无法被显示调用。

(4) 除非是必需的，否则不要定义非公有的构造。

(5) 尽管构造不是必需的，但是作为一个好的编程习惯，最好为我们定义的类添加一个构造。

事实上，细心的读者会发现我们在前面所定义的类并没有构造，但是依然可以被实例化出来，这是为什么呢？其实，在我们定义的类中，系统会自动添加一个隐式的无参构造，这样就能够创建类的对象。如果我们显示定义了构造后，我们的构造就会自动覆盖这个隐式的无参构造。

现在让我们回到开始时提出的问题上来，通过带参数的方法我们就可以对用户输入的信息进行相关的验证，以确保字段中存放的数据是完整的，同时通过有返回的方法我们又可以将字段中的值反馈给我们的用户：

```
public class Student
{
    private int studAge;

    public void SetAge(int age)
    {
        if ((age > 10) && (age < 65))
            studAge = age;
        else
            studAge = 0;
    }

    public int GetAge()
    {
        return studAge;
    }
}
```

在上面的代码中，我们通过一个带参数的 SetAge()方法完成了用户信息验证和字段赋值的操作，通过另外一个带返回的 GetAge()方法让用户可以访问到我们的字段值，当然这里肯定会产生另外一个新的问题：如果我们的类中定义了 20 个字段，那岂不是要写 40 个Get 和 Set 方法来提供对这些字段的操作？当然这是一种解决方法，不过我们还可以用另外一个更加简洁的解决方式——属性。

3.3 属性

属性是类成员与外部进行信息交流的另外一种方式，和方法相同的是属性也可以将类中的字段公开出来，又可以承担其相应的验证工作。相对于方法，属性的语法结构更加简洁，使用方式也和方法有所差别。

3.3.1 定义与使用

在 C#中定义属性的语法如下：

[访问修饰符] 数据类型 属性名称

```
    {
        get{ return 字段;}
        set{ 字段 = value;}
    }
```

属性的一个最重要的工作是公开类当中的私有字段，因此一般我们定义属性时访问修饰符都采用 public 以方便用户使用。数据类型尽管没有什么限制，但是一般情况下会和该属性所操作的字段保持类型一致。属性的命名和字段类似，公有的采用 Pascal 命名法，而私有的则使用驼峰命名法。

属性体中的 get 和 set 都是属性的访问器，get 称为读访问器，通过这个访问器，外部用户可以读取属性的值，因此在 get 部分我们需要使用 return 关键字将数据反馈给用户。set 称为写访问器，通过这个访问器，外部用户可以为属性赋值，用户输入的值就存放在 value 关键字中，这是一个系统定义好的关键字，我们可以直接使用它。

我们可以采用属性的方式将上面的 Student 类进行修改：

```
public class Student
{
    private int age;

    public int Age
    {
        get{return age;}
        set
        {
            if((value >= 18) && (value <= 45))
                age = value;
            else
                age = 18;
        }
    }
}
```

经过这样的修改后，我们既可以通过 Age 属性的 get 访问器将 age 字段公开出来供用户使用，也可以通过 set 访问器对用户输入的信息进行相关的验证。但是，如果字段不需要验证是不是可以不用属性呢？这里需要说明一下，为了让程序具有更好的封装性，即使是不需要验证的字段也最好用属性封装。但是，这样的话程序就会变得很冗余，因此从 C#2.0 之后提供了另一种更加简单的属性结构：

```
public class Student
{
    public string Name{get;set;}
}
```

这种结构称为自动属性，使用自动属性的时候不需要定义私有字段，get 和 set 也不需要像以前那样很复杂，但是这种属性结构是无法实现输入验证的，而且定义的时候必须给出 get 和 set 两个访问器。

不管采用哪种方式定义属性，它们的使用语法都是一样的：

　　　对象.属性 = 值;//赋值

　　　变量 = 对象.属性;//取值

例如，刚才我们所定义的 Student 类就可以这样使用：

　　　Student tom = new Student;

　　　tom.Age = 28;

　　　tom.Name = "Tom";

比较一下就会发现，对于同一个字段来说，属性看起来要更加简洁，但这只是表面现象，实际上当属性被编译器编译以后，它还是会被还原成两个方法，也就是说属性其实只是一种方法的简化定义结构，实际程序还是通过方法来访问和操作字段。

3.3.2　只读属性

在实际的开发过程中我们还会碰到这样的需求：我们定义的某些属性只希望用户能够读取它们的值，而不希望用户修改它们的值。例如，我们定义了一个电影类，在其中有一个价格的属性，很显然我们希望用户能够看到影碟的价格，但是却不能够修改这个值，这时候我们可以通过定义只读属性来解决这个问题。在 C#中我们可以有两种方式定义只读属性，首先属性的 get 和 set 访问器都是可选的，这样我们可以通过删除属性中的 set 访问器来达到定义只读属性的目的：

　　　private decimal price;

　　　//只读属性

　　　public decimal Price

　　　{

　　　　　get { return price; }

　　　}

我们可以看到，上面的 Price 属性只有 get 访问器而没有 set 访问器，这样用户在使用这个属性的时候就只能够读取其值，而不能为它赋值，如果写了赋值语句系统就会报错，如图 3-4 所示。

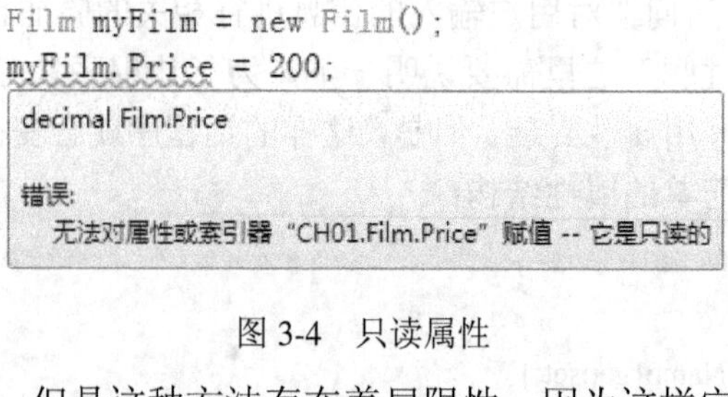

```
Film myFilm = new Film();
myFilm.Price = 200;
```
```
decimal Film.Price

错误:
　无法对属性或索引器 "CH01.Film.Price" 赋值 -- 它是只读的
```

图 3-4　只读属性

这是一种解决方法，但是这种方法存在着局限性，因为这样定义的只读属性无论对用户还是对开发者来说都是只读的，也就是说我们堵住了用户修改该属性的路，但是同时也堵住了我们赋值的通道，有没有一种方式既能够限制用户的操作，同时又不影响我们开发呢？

这里我们可以借助于访问修饰符来定义只读属性，因为属性编译完成后实际上会被还原成为方法，而方法名的前面是可以通过添加访问修饰符来控制其可访问范围的，因此属性也可以通过这样一种操作来实现限制同样的效果：

```
private decimal price;
//只读属性
public decimal Price
{
    get { return price; }
    private set { price = value; }
}
```

在上面的代码中我们并没有删除 Price 属性的 set 访问器，而是在它的前面添加了 private 访问修饰符，这样在类的外部，该属性依然是只读的，如图 3-5 所示。

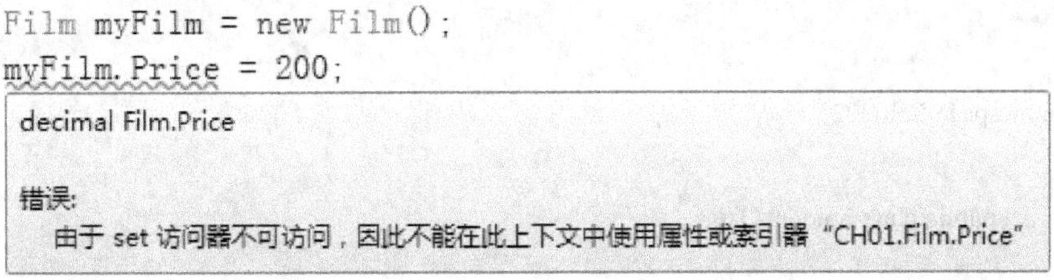

```
Film myFilm = new Film();
myFilm.Price = 200;
```

decimal Film.Price

错误:
　　由于 set 访问器不可访问，因此不能在此上下文中使用属性或索引器 "CH01.Film.Price"

图 3-5　只读属性

注意，虽然都是错误提示，但是两次提示的内容是不一样的，第二次系统只是说在该位置属性的 set 访问器不可访问，如果我们在类的内部为该属性赋值则不会有任何问题：

```
public class Film
{
    private void ChangePrice(decimal newPrcie)
    {
        Price = newPrcie;
    }

        ...

}
```

上面的代码可以正常编译通过，没有任何问题。

总结起来，两种不同的只读属性实现方式分别有各自的特点，也决定了它们的使用场合有所不同。如果完全不希望该属性的值被修改，就可以采用第一种方式；如果仅仅是不希望用户修改属性的值，就可以采用第二种方式。

3.4　名称空间

　　名称空间在前面简单地讲解过，它是用来管理类的一种方式，因为在一个复杂的应用程序中，可能需要定义成百上千个类，正常情况下是没有问题的，但是如果两个类同名就会出现错误：

```
public class Student{ }


public class Student{ }
```

　　上面的代码在编译的时候会报错，因为两个类是同名的，遇到这种情况我们只有两种解决方法：改名或者把两个类放在不同的名称空间中：

```
namespace CH0301
{
    public class Student{ }
}


namespace CH0302
{
    public class Student{ }
}
```

这样程序就可以正常地编译运行了。可是，这样依然会有问题：两个名称空间的成员无法互相访问，解决方法也是两个：在类名前加上名称空间的名称。

```
namespace CH0301
{
    public class Student{ }
}


namespace CH0302
{
    public class Student
    {
        CH0301.Student tom = new CH0301.Student();
    }
}
```

或者用 using 关键字引入名称空间：

```
using CH0301;


namespace CH0302
```

```
    {
        public class Test
        {
            Student tom = new Student();
        }
    }
```

using 关键字的另一个用途是给类和名称空间指定别名。如果名称空间的名称很长，在代码中多次出现，但是我们又不希望该名称空间出现在 using 指令中，那么我们就可以采用别名的方式：

using 别名 = 名称空间/类；

例如，我们可以为刚才定义的两个名称空间起不同的别名：

using CH301 = CH0301;

using C3Stud = CH0301.Student;

第一个别名指向的是名称空间 CH0301，第二个别名指向的是 CH0301 中的 Student 类，注意这里类是不用加括号的。这样我们在程序中使用 Student 类时就可以通过别名来完成：

C3Stud tom = new C3Stud();

3.5 电子邮件地址验证

类、对象、属性和方法是我们制作应用程序的基本组成部分，接下来我们要学习如何将它们组合在一起，共同完成一个功能完整的程序。

3.5.1 问题

当今网络通信越来越发达，电子邮件成为了人们之间互相通信的一个非常重要的手段，拥有一个电子邮件(电子邮箱)已经变得非常重要，因此在很多信息系统中也都包含了对电子邮件地址的信息收集和管理功能。但是，电子邮件地址的组成非常特别，因此在进入信息系统的时候必须经过严格的验证，现在需要我们制作一个电子邮件地址的验证程序，其运行效果如图 3-6 所示。

图 3-6　音像店管理

其具体需求如下：

(1) 电子邮件地址只能有一个@符号。

(2) @符号不能出现在地址的开头和结尾。

(3) 用户名的长度不能小于 3 位。

(4) 用户名不能用数字和"."开头。

3.5.2 需求分析

1. 类设计

这是比较复杂的问题，但是只要我们掌握正确的方法，理清思路就可以一步一步地完成整个程序的开发。

首先我们要做的就是完成整个程序的类设计，这一步我们要解决的是程序中究竟需要设计多少个类，每个类都是由哪些属性和方法组成的。对于第一个问题，虽然整个电子邮件地址的验证是一个复杂的问题，但是它应该是一个完整的整体，没有必要再将其拆分成更小部分，因此整个验证程序应该放置在一个类中。同时，我们还应该再设置一个测试用的类，这样就不会将开发的代码与测试的代码混杂在一起。综合起来我们将整个程序设计成两个类：

```
public class MailValidate
{
    …
}


public class Test
{
    …
}
```

在上面的代码中，类 MailValidate 的任务是完成对电子邮件地址的验证工作，而 Test 类则是用来测试整个程序的。对于初学者来说，遇到问题的时候切忌一上来就开始茫无目的地写代码，要先将整个问题看清楚，理清楚自己的思路，这样才能够写出高质量的代码。

接下来我们就需要确定每个类需要包含的成员，这里主要是确定属性和方法。对于 Test 类来说就简单多了，因为它只承担测试的工作，所以其只需要包含 Main()方法就可以了：

```
public class Test
{
    static void Main()
    {
        //测试用
    }
}
```

对于 MailValidate 类，我们就需要一步一步地分析了。首先，这个类需要有一个字段来保存用户输入的电子邮件地址，因此我们需要一个属性。其次，根据需求我们可以知道对地址的验证要求分成两个部分，一部分是对"@"符号的要求，一部分是对用户名的要求，那么我们就可以将这两部分的要求分别放在两个不同的方法中，但是这两个方法不能够设计为公开的，因为用户并不需要知道具体的验证工作是如何实现的，也就是我们所说的"隐藏细节"。最后，我们还需要一个统一的外部用户能够访问到的方法。综合起来MailValidate 类应该这样设计：

```
public class MailValidate
{
    public string MailAddress { get; set; }

    private bool TestUserName()
    {
        //验证用户名
    }

    private bool TestDomain()
    {
        //验证@符号
    }

    public void Validate()
    {
        //公有方法，供用户调用
    }

}
```

在上面的代码中我们为 MailValidate 类添加了一个字符串类型的自动属性MailAddress，用来保存用户输入的电子邮件地址。TestUserName()方法和 TestDomain()方法分别用来验证用户名和"@"符号，两个方法都是私有的，而且都返回一个 bool 类型的值以说明是否通过验证。最后提供一个公有的 Validate()方法供用户使用。到这里整个程序的大框架就已经搭建完毕了。

2．字符串操作

接下来我们开始实现具体的操作。首先使用 TestDomain()方法，在这个方法中我们需要完成对电子邮件地址中"@"符号的验证，要求有两个：唯一以及不能出现在头尾。对于第一个要求，我们所能想到的最直接的方法就是遍历字符串，统计"@"符号的数量，这是一种方式，但是过于复杂，这里我们采用另外一种相对简单一点的方法来实现：

```
int first = MailAddress.IndexOf("@");
int last = MailAddress.LastIndexOf("@");
```

```
if (first != last)

{

    Console.WriteLine("电子邮件地址只能包含一个@符号！");

    return false;

}
```

在上面的代码中我们使用到了字符串的两个方法 IndexOf()和 LastIndexOf()，这两个方法都是用来查找指定的字符在字符串中出现的位置，它们都返回一个整型即查找到的下标，区别在于 IndexOf()获取的是首次出现的位置，而 LastIndexOf()获取的是最后一次出现的位置。这里我们查找的是"@"符号在字符串中出现的位置。如果这两个方法返回的是-1，则标识字符串中不包含要查找的内容。获取了"@"符号首次出现的位置和最后出现的位置后，我们将两个下标进行了对比。很显然，如果用户输入的电子邮件地址中有多于一个"@"符号，那么这两个下标就不会相等。

对于第二个要求，我们依然可以继续使用这两个下标来做判断：

```
if ((first == 0) || (last == MailAddress.Length-1))

{

    Console.WriteLine("电子邮件地址不能以@符号开始或结束！");

    return false;

}
```

这应该很容易理解了。如果"@"符号首次出现的下标为零，那就说明它在地址的开头；如果最后出现的下标为字符串的长度减 1，那就说明它在末尾。这里需要注意，我们所提到的下标是从零开始计数的，因此需要长度减 1。而 Length 属性则可以得到字符串的长度。

在 TestUserName()方法中，我们需要对用户名进行验证，要求同样也是两个：长度大于 3 以及不能用数字和"."开头。当然，首先我们需要将用户名从电子邮件地址中分离出来，也就是将地址中"@"符号之前的内容提取出来：

```
int first = MailAddress.IndexOf("@");

string name = MailAddress.Substring(0, first);
```

字符串的截取我们采用的是 Substring()方法，它有两种用法：传递一个整型参数以及传递两个整型参数。前一种用法是从指定的位置截取字符串，后一种用法是从指定的位置截取指定长度的字符串，例如下面的代码：

```
string str = "ABCDEFGHIJK";

Console.WriteLine(str.Substring(3));

Console.WriteLine(str.Substring(3, 6));
```

同样都是采用 Substring()截取字符串 str，第一次我们只传递了 3 作为参数，因此将从字符串的第 4 位开始截取字符串，而第二次我们传递了 3 和 6 两个参数，则将从字符串的第 4 位开始截取 6 个字符，其运行效果如图 3-7 所示。

图 3-7　Substring()方法效果

　　于是采用这个方法，我们从用户输入的电子邮件地址的最起始位置开始，截取到"@"符号出现的位置，这样就可以将用户名从地址中截取出来。

　　用户名的长度大于 3 以及不能用"."符号开头这两个要求我们利用前面讲过的知识已经可以解决，因此接下来我们来看如何判断用户名是否数字开头。对于这个要求我们第一个想到的方法就是将用户名的第一个字符截取出来进行判断，同样的这是一个比较麻烦的方法，这里我们采用另外一个比较简单的方法来实现：

```
if (char.IsDigit(name, 0))
{
        Console.WriteLine("用户名不能以数字开头！");
        return false;
}
```

　　char 是 C#提供的基础数据类型，标识一个字符，它提供的 IsDigit()方法可以帮助我们验证指定的字符是否是一个十进制的数字。这个方法可以直接给一个字符作为参数，也可以传递一个字符串和一个整型数字作为参数，其作用就是验证字符串中指定位置的字符是否是一个十进制的数字。该方法返回一个 bool 值，true 表示指定的字符是数字，false 则表示不是。

　　事实上，有关字符串操作的方法还有很多，我们会在后面的章节中陆续对它们进行介绍。

3．测试类

　　测试类只是用来测试我们刚才的工作成果，因此需要将 Main()方法放置在这个类中：

```
static void Main(string[] args)
{

        MailValidate mv = new MailValidate();

        Console.Write("请输入您的电子邮件地址：");
        mv.MailAddress = Console.ReadLine();

        mv.Validate();
        Console.WriteLine("");
}
```

　　整个测试程序比较简单，首先创建验证类的实例，然后提供用户输入的操作，最后调用 Validate()方法来完成验证工作。整个测试过程不和具体的验证操作打交道，也就是说验证过程对用户来说是被"隐藏"的。

3.5.3 实现电子邮件地址验证

在经过了上面大段的理论学习之后我们就可来完成电子邮件地址验证程序了：

```csharp
/// <summary>
/// 电子邮件地址验证
/// </summary>
public class MailValidate
{
    /// <summary>
    /// 属性：电子邮件地址
    /// </summary>
    public string MailAddress { get; set; }


    /// <summary>
    /// 验证用户名
    /// </summary>
    /// <returns>验证结果</returns>
    private bool TestUserName()
    {
        //取得@符号的下标
        int first = MailAddress.IndexOf("@");
        //截取用户名
        string name = MailAddress.Substring(0, first);

        //长度小于3
        if (name.Length < 4)
        {
            Console.WriteLine("用户名的长度必须大于3位！");
            return false;
        }

        //不能以数字开头
        if (char.IsDigit(name, 0))
        {
            Console.WriteLine("用户名不能以数字开头！");
            return false;
        }
```

```csharp
            //不能以.开头
            if (name.IndexOf(".") == 0)
            {
                Console.WriteLine("用户名不能以".")开头！ ");
                return false;
            }


            return true;
        }


        /// <summary>
        /// 验证邮件地址
        /// </summary>
        /// <returns>验证结果</returns>
        private bool TestDomain()
        {
            //取得@符号的地址
            int first = MailAddress.IndexOf("@");
            int last = MailAddress.LastIndexOf("@");


            //判断@符号数量
            if (first != last)
            {
Console.WriteLine("电子邮件地址只能包含一个@符号！ ");
                return false;
            }


            //@符号不能在开头或结尾
            if ((first == 0) || (last == MailAddress.Length-1))
            {
                Console.WriteLine("电子邮件地址不能以@符号开始或结束！ ");
                return false;
            }


            return true;
        }


        /// <summary>
        /// 验证电子邮件地址
```

```csharp
/// </summary>
public void Validate()
{
    if (TestDomain())//@符号验证
        if (TestUserName())//用户名验证
            Console.WriteLine("通过验证！");
        else
            return;
}


/// <summary>
/// 测试类
/// </summary>
public class Example02
{
    static void Main()
    {
        MailValidate mv = new MailValidate();

        Console.Write("请输入您的电子邮箱地址：");
        mv.MailAddress = Console.ReadLine();

        mv.Validate();
        Console.WriteLine("");
    }
}
```

上面的代码和我们在需求分析阶段的代码基本上相同，一个需要注意的地方是在这段代码中我们使用到了注释，事实上 C#本身继承了 C 语言的注释方式：单行注释使用//……，这一行的所有内容都会被编译器忽略；多行注释使用/*……*/，/*和*/之间的所有内容都会被编译器忽略。

除了这两种注释之外，C#还有一个非常出色的功能：根据特定的注释自动创建 XML格式的文档说明。这些注释都是单行注释，但是使用 3 条斜线(///)开头，而不是通常的两条斜线。大部分情况下，当我们在一个类或者类成员上输入 3 条斜线后，系统会自动帮助我们生成相应的内嵌代码，我们只需要在特定的位置写上注释即可。

常用的内嵌注释标记有：<summary>、<param>、<returns>。

<summary>标记用来提供对相关对象的简短说明，例如：

```
/// <summary>
/// 测试类
```

/// </summary>。

<param>标记用来说明方法的参数，一般情况下会在其后加上参数的名称，例如：

　　　<param name="参数名称">参数说明</param>

<returns>标记用来说明方法的返回值，如：

　　　/// <returns>是否购买成功</returns>

注释不是必需的，但是作为一个好的编程习惯，我们应该为自己的程序添加上完整详细的注释，这样既可以增加程序的可读性，又可以帮助我们整理思路。

3.6　总结

在本章中我们主要学习的是 C#中的类和对象。这里需要我们重点理解类和对象的概念以及它们之间的关系，即类是对象的抽象，对象是类的具体化。在此基础之上，我们学习了如何定义类，以及怎么根据类声明相应的对象。

在类和对象的基础之上我们继续学习了方法的定义和使用，方法作为类的重要组成成员，承担了封装操作和隐藏细节的功能，通过参数和返回值的设置，我们可以将复杂的问题拆分成简单的程序块，从而可以简化开发。

属性作为类当中封装和公开字段的常用手段，在我们的类中也占有一个重要的位置，通过属性我们可以控制用户对字段的访问，并且对用户输入的信息进行验证。

3.7　上机部分

3.7.1　本次上机课总目标

(1) 熟练掌握类和构造的定义及使用；

(2) 熟练掌握自定义方法的使用；

(3) 掌握名称空间的定义及使用。

3.7.2　上机阶段一(25 分钟内完成)

1. 上机目的

熟练掌握类和构造的定义及使用。

2. 上机要求

某网上书店需要对现有的系统进行重新设计，为了适应新技术的应用，本次设计完全采用 OOP 方式，为了保密该网站只能提供其运行效果截图，如图 3-8 所示。现在需要我们根据运行效果截图帮助该书店设计完成图书类的设计。

3. 实现步骤

(1) 仔细分析运行效果图。

(2) 在 VS2010 中创建控制台应用程序，添加新文件 LabExample01.cs。

(3) 创建新类 Book 并根据分析结果添加相应的属性。

(4) 添加构造方法以方便用户使用。

(5) 在 Main()方法中测试我们的设计。

4．特别注意的内容

(1) 本次设计没有标准答案，但需要注意没有呈现出来的属性；

(2) 注意分类信息。

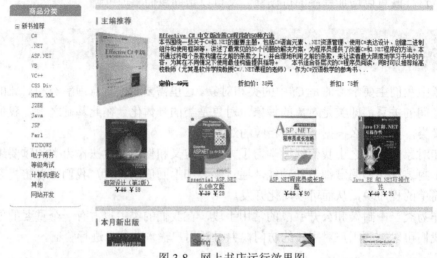

图 3-8　网上书店运行效果图

3.7.3　上机阶段二(25 分钟内完成)

1．上机目的

熟练掌握自定义方法的使用。

2．上机要求

在完成了图书类的设计后，该网站又要求我们制作一个简单的图书查询程序，能够至少根据两个条件来查询图书信息，在查询的过程中要求能够实现模糊查询，并且能够根据查询结果将图书信息呈现出来，运行效果图如图 3-9 所示。

图 3-9　图书查询

3. 实现步骤

(1) 在文件 LabExample01.cs 中添加一个新的类 Test。

(2) 在 Test 类中添加 Main()方法。

(3) 创建 BookManage 类，在其中定义一个字符串类型的数组用来保存图书名称。

(4) 查询帮助，了解字符串的 Contains()方法的使用。

(5) 完成图书查询和显示功能。

4. 特别注意的内容

Contains()方法的作用是查看指定字符串是否包含在另一个字符串中。

3.7.4 上机阶段三(25 分钟内完成)

1. 上机目的

掌握名称空间的定义及使用。

2. 上机要求

小菜在一个家用电器销售的电子商务公司负责系统软件开发工作，在工作的过程中，他遵循这样的类设计命名规则：厂商名称_电器类型_电器类。比如，格力家用空调的类名是 Gree_WhiteGoods_AirCondition，而格兰仕电风扇的类名则是 Galanz_SmallGoods_Fanner。但是，这种命名方式既繁琐又不好用，现在需要我们利用名称空间这一技术重新设计和组织这些类。

3. 实现步骤

(1) 在项目中添加新的文件 LabExample02.cs。

(2) 根据自己的设计划分名称空间。

(3) 在名称空间下放置类。

4. 特别注意的内容

(1) 本次设计没有标准答案，但需要注意设计的条理性和易用性；

(2) C#中名称空间可以嵌套。

3.7.5 上机阶段四(25 分钟内完成)

1. 上机目的

熟练掌握自定义方法的使用。

2. 上机要求

在本章我们完成了电子邮件地址验证这样一个小程序，事实上除了我们给出的方法外，还可以有很多种不同的方法来完成这个程序，其中比较常用的是采用字符串的 Split()方法来实现。

Split()方法的作用是根据指定的字符将一个字符串拆解成为一个字符串数组，例如：

```
string str = "2012-11-23";
string[] date = str.Split('-');
```

```
Console.WriteLine("年：" + date[0]);
Console.WriteLine("月：" + date[1]);
Console.WriteLine("日：" + date[2]);
```

在上面的代码中，我们通过 Split()方法将字符串 str 按照"-"进行拆分，从而得到一个包含三个成员的字符串数组，分别是年、月和日，上面代码的运行效果如图 3-10 所示。

图 3-10　Split()方法

现在需要我们采用 Split()方法来重新设计和完成电子邮件地址验证程序。

3．实现步骤

(1) 在项目中添加新的文件 LabExample03.cs。

(2) 按要求设计实现 MailValidate 类。

(3) 采用新的方法实现 TestUserName()方法和 TestDomain()方法。

(4) 按要求设计和实现 Test 类，并测试程序。

3.7.6　上机作业

(1) 试为南方学院的管理系统设计学员类，要求包含学员的姓名、性别(要验证：只能是男或女)、年龄(要验证：大于 16 岁)、电话(要验证：手机为 11 位数字)、QQ(要验证：必须是数字)、地址。

(2) 掷骰子游戏几乎通行全球，其规则如下：游戏者投掷两枚骰子，然后计算点数之和。如果第一次得到的和为 7 或者 11，则游戏者获胜；如果第一次得到的和是 2、3 或 12，则游戏者输；如果第一次得到的和为 4、5、6、8、9 或 10，则这个和就是游戏者所要的点数，要想赢就要继续投掷骰子，直到获得相同的点数为止，比如第一次投得 5，那么游戏者就可以继续投掷，直到再次投得 5 为止，在这中间如果投出了 7，则游戏者输。试编写一个程序，用一个方法来定义游戏逻辑，并测试其结果。

习题

一、选择题

1. 在 C#中创建类使用的关键字是(　　)。(选 1 项)

A．void　　　　　B．int　　　　　C．class　　　　　D．namespace

2. 在 C#中，创建对象使用的关键字是(　　)。(选 1 项)

A．void　　　　　B．new　　　　　C．class　　　　　D．namespace

3. 在 C#中，创建名称空间使用的关键字是(　　)。(选 1 项)

A．void　　　　　　B．new　　　　　　C．class　　　　　　D．namespace

4. 默认情况下，名称空间、类、字段的访问级别顺序是(　　)。(选 1 项)

A．类>名称空间>字段　　　B．名称空间>字段>类

C．字段>类>名称空间　　　D．名称空间>类>字段

5. 以下代码运行的结果是(　　)。(选 1 项)

```
public class DaysInYear
{
    pivate int days;

    static void Main()
    {
        DaysInYear newDaysInYear = new DaysInYear();
        Console.WriteLine(newDaysInYear.days-1 + "\n" + "End");
    }
}
```

A．-1

B．-1

　　End

C．-1nEnd

D．程序编译时提示变量没有初始化的错误信息，不能编译和运行

6. 以下代码运行的结果是(　　)。(选 1 项)

```
namespace CH0301
{
    namespace Ford'
    {
        public class Mustang
        {
            public int Age = 10;
        }
    }

    class Class1
    {
        static void Main()
        {
            Mustang must1 = new Mustang();
            Console.WriteLine(must1.Age);
        }
```

```
        }
    }
```

A．什么都不显示

B．在控制台打印"10"，用户输入任何数据退出

C．在控制台打印"10"，立即退出

D．提示代码有错误，不能执行

7．C#中属性包括(　　)。(选 1 项)

A．可读写属性 　　　　　　　　　B．只读属性

C．只写属性 　　　　　　　　　　D．不可读不可写属性

8．在 OOP 中，对象的属性用来说明(　　)。(选 1 项)

A．对象是什么 　　　　　　　　　B．对象能做什么

C．对象能对哪些动作做出响应 　　D．对象给谁用

9．在 OOP 中，对象的三个核心要素是(　　)。(选 3 项)

A．属性 　　　　B．类 　　　　　C．方法 　　　　D．事件

10．在 OOP 中，类与对象的关系是(　　)。(选 2 项)

A．类是对象的模板 　　　　　　　B．对象是类的模板

C．类实例化成对象 　　　　　　　D．对象实例化成类

11．在 OOP 中方法的作用是(　　)。(选 1 项)

A．说明对象能做什么 　　　　　　B．说明对象是什么

C．说明对象能对哪些动作做出响应 D．没有作用

12．在 C#中方法的意义在于(　　)。(选 2 项)

A．标注操作 　　　　　　　　　　B．简化操作

C．公开操作 　　　　　　　　　　D．封装和隐藏细节

13．通过方法将程序拆解的目的是(　　)。(选 2 项)

A．复用 　　　　　　　　　　　　B．让程序看起来更复杂

C．增加使用难度 　　　　　　　　D．分治

14．从调用方式来看，方法可以分为(　　)。(选 2 项)

A．复杂方法 　　B．实例方法 　　C．简单方法 　　　D．静态方法

15．下列描述正确的是(　　)。(选 2 项)

A．方法必须带参数

B．方法只能带一个参数

C．方法可以没有参数也可以有多个参数

D．方法可以有两个相同类型的参数

16．下列描述错误的是(　　)。(选 2 项)

A．构造是方法

B．构造必须是 public 的

C．可以通过调用构造来初始化对象

D．构造可以随意命名

17．下列代码的运行结果是(　　)。(选 1 项)

```
    public class Example02
        {
            Example02(string name)
            {
                Consolw.WriteLine("姓名： " + name);
            }
        }


    public class Test
        {
            static void Main()
            {
                Example02 objA = new Example02("Tom");
            }
        }
```

A. 姓名：Tom   B. 姓名：   C. Tom   D. 程序有误

18. 在 C#方法中，参数必须指定(　　)和(　　)。(选 2 项)

A. 名称   B. 值   C. 类型   D. 访问级别

19. 下列描述正确的是(　　)。(选 2 项)

A. 如果方法没有返回则可以不写

B. 方法的返回类型由使用者指定

C. 方法或者返回一个类型或者返回 void

D. 构造方法必须有返回

二、简答题

1. 简要说明对象的三个核心要素及其作用。

2. 名称空间能够定义为私有的吗？为什么？

3. 写出方法的定义语法，并说明各组成部分的作用。

4. 简要说明方法中参数的作用。

5. 简要说明构造方法的特点。

6. 简要说明方法的作用和意义。

三、代码题

1. 试写出属性和自动属性的语法结构。

2. 小菜接到一个新的任务——帮助某公司写一个密码验证程序，要求是：密码的长度不能超过 8 位；其中至少要包含 "."、"-" 和 "*" 中的一个；其余部分只能够由数组组成。试帮助他完成这个程序。

第4章　WinForm 基础(一)

经过前面几章的介绍我们已经掌握了 C#的基本操作，也制作了几个简单的小程序，但是我们制作的程序始终存在一个遗憾——界面过于简单。很显然我们不可能永远用控制台应用程序来开发系统，因此从本章开始我们将介绍 WinForm 程序的制作方法，以使我们制作的应用程序也可以拥有自己的界面。

本章的基本要求如下：

(1) 了解 Windows 应用程序；

(2) 理解事件驱动编程模式；

(3) 熟练掌握 WinForm 应用程序；

(4) 掌握窗体的常用属性、方法和事件。

4.1　窗体

自从图形界面出现后，窗体就成为了应用程序的一个重要组成部分，现如今在几乎所有的 Windows 应用程序的制作过程中，窗体的制作是最主要的工作之一。在.NET 环境下，制作 Windows 应用程序所采用的技术称为 WinForm。接下来就一步步地学习 Windows 应用程序的制作方法。

4.1.1　创建 WinForm 应用程序

创建 WinForm 应用程序的过程和创建控制台应用程序基本一样，只是模板选用的是"Windows 窗体应用程序"，如图 4-1 所示。

图 4-1　创建 WinForm 应用程序

创建成功的 WinForm 应用程序默认已经有了一个名为 Form1 的窗体，如图 4-2 所示。

　　这个时候程序已经可以运行了，当然现在的运行结果是很令人失望的，因为只有一个没有任何内容的窗体，要想制作出精美的 Windows 窗体，我们还需要学习很多内容。

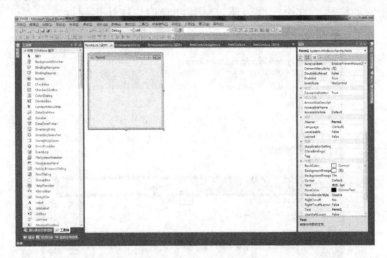

图 4-2　WinForm 应用程序

4.1.2　认识窗体

　　窗体是 Windows 应用程序的基础，所有内容必须依托于窗体才能够完整地呈现出来，因此我们首先需要认识一下窗体。在 WinForm 中，一个完整的窗体是由两个文件构成的：一个窗体的 cs 文件以及一个对应的 Designer.cs 文件。例如，默认的 Form1 窗体就是由 Form1.cs 和 Form1.Designer.cs 两个文件组成的。

　　这两个文件是什么关系呢？仔细观察这两个文件，我们会发现它们都包含一个名为 Form1 的类。难道同一个名称空间下可以有两个名称相同的类吗？再仔细观察这两个类，我们会发现在 class 关键字前还有一个关键字 partial。这是什么意思？

　　partial 的意思是"部分的"，也就是说这两个类实际上是同一个类，只不过分成两个部分来写。事实上，在窗体的制作过程中，有些工作是需要我们来完成的，但是有些工作是需要系统帮助我们来完成的，为了更好地组织代码，VS2010 就将系统自动添加的代码放在了 Designer.cs 文件中，而我们所写的代码则放在了窗体的 cs 文件中。

　　另外，在 Form1.cs 中我们还会发现这样一个奇怪的结构：

```
public partial class Form1 : Form
```

这又是做什么用的呢？这个我们称之为"继承"，简单来说就是将别人做好的东西拿来使用一下。刚才我们提到的，窗体的创建实际上是一个很复杂的过程，因为需要告诉操作系统窗体的许多信息，然后操作系统再根据这些信息在屏幕上"画"出我们所要的窗体，这中间的很多工作 Microsoft 的工程师已经帮我们做好了，我们只需要通过"继承"调用即可。

4.1.3　常用属性

　　认识了窗体文件后我们就可以来具体地设计我们的窗体了。在 VS2010 中选中窗体，即可在属性窗口中查看窗体的常用属性，如图 4-3 所示。在属性窗体中，系统分门别类地列出了窗体的各种属性，当我们选中其中的某个属性的时候，可以在属性窗体的底部看到关于该属性的简要说明。例如，我们选中窗体的 BackColor 属性后，就可以在属性窗体的底部看到关于它的描述。这个简要说明可以帮助我们快速认识属性。

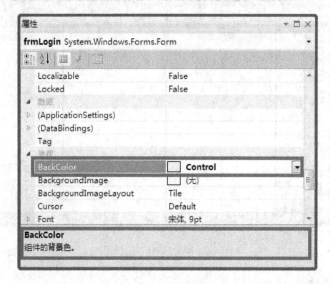

图 4-3　窗体属性

窗体的属性有很多，表 4-1 列出了一些常用的属性。

表 4-1　窗体的常用属性

属　性	说　明
AcceptButton	获取或设置当用户按 Enter 键时所单击的窗体上的按钮
BackColor	获取或设置窗体的背景色
BackgroundImage	获取或设置在窗体中显示的背景图像
FormBorderStyle	获取或设置窗体的边框样式
Name	获取或设置窗体的名称
Size	获取或设置窗体的大小
StartPosition	获取或设置运行时窗体的起始位置
Text	获取或设置窗体的标题文本
WindowState	获取或设置窗体的窗口状态

在实际开发过程中并不是所有的属性都会用到，事实上只有两个属性是一定会用到的：Name 和 Text。Name 属性一般用来命名窗体文件，我们多采用 frm 前缀加上窗体的名称，如 frmStudentList、frmFilmManage 等。Text 属性一般修改为窗体的中文名称，如学员列表、影碟管理等。

4.1.4　常用方法

除了属性，窗体也包含很多方法，表 4-2 列出了窗体的常用方法及其说明。

表 4-2　窗体的常用方法

方　法	说　　　明
Activate	激活窗体并给予它焦点
Close	关闭窗体
Dispose	销毁窗体对象并释放其占有的资源
Hide	隐藏窗体对象
Show	显示窗体对象
ShowDialog	将窗体显示为模式对话框

同样的，这些方法只是窗体众多方法中的一部分，在实际开发过程中最常用的是 Show()/ShowDialog()、Close()和 Hide()等方法。

4.1.5　常用事件

在前面我们曾经讲过对象还有一个要素就是事件，事件告诉我们对象能够对哪些动作或行为做出响应。例如，我们登录 SQL Server 数据库服务器时，输入用户名和密码后点击"登录"按钮，系统就会对我们输入的内容进行验证以确定我们是否能够登录。事实上，当我们点击"登录"按钮后，就会触发按钮的 Click 事件，系统接到事件触发的消息后就会对该事件进行处理。但是前面我们一直没有用到过事件，因为我们的对象太简单了，而窗体作为一个复杂的对象，其中提供了很多事件，在窗体的属性窗口中点击闪电图标，就可以看到窗体的事件列表，如图 4-4 所示。和属性窗体类似，当我们在事件窗体中选中某一个事件后，也可以在事件窗体的底部看到关于该事件的简单说明。

表 4-3 列出了窗体的常用事件及其作用。

表 4-3　窗体的常用事件

名　称	说　　　明
Closed	关闭窗体后发生
Closing	在关闭窗体时发生
KeyDown	在窗体有焦点的情况下按下键盘上任意键时发生
KeyPress	在窗体有焦点的情况下按下键盘上任意键时发生
KeyUp	在窗体有焦点的情况下释放键盘上任意键时发生
Load	在第一次显示窗体前发生
Resize	在调整窗体大小时发生

在 Windows 应用程序中，通常都是用户通过一些特定的事件来和应用程序进行交互，而作为开发人员，我们就要事先做好这些事件的处理程序，这种通过事件来驱动程序运行的方式称为事件驱动，而我们所做的编程就称为事件驱动编程模式。

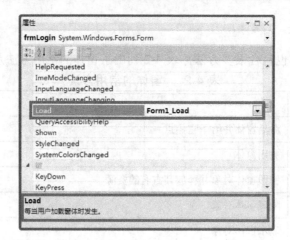

图 4-4　事件窗体

4.2　控件

Windows 应用程序中另一个重要的组成部分就是各种控件，事实上窗体是应用程序的载体，而真正实现功能就要通过各种不同的控件来实现。在 WinForm 中，系统为我们提供了大量控件，这些控件的外观和功能各不相同，学习和使用这些控件是 WinForm 编程的基础。

面对这么多的控件，我们没办法也没必要将所有的控件都熟练掌握，因此我们还是遵循需要什么就学什么的原则，只介绍本章会用到的几个控件。

4.2.1　Label

标签(Label)控件一般用于给用户提供描述性文本。大部分情况下，标签控件都会和其他控件一起出现，用来为用户提供相应的说明信息。对于用户来说，标签控件的信息是只读的，但是我们可以通过代码修改其 Text 属性来修改这些信息：

```
Label1.Text = "Hello World!";
```

除了这个属性之外，标签控件还有另外的几个常用属性：

● AutoSize：是否可以手动调整标签的大小。默认情况下，标签的大小会自动根据其内容而变化。

● Name：获取或设置标签对象的名称。标签控件在命名时使用 lbl 前缀，如 lblName 等。

● BackColor：获取或设置标签的背景颜色。

● Font：获取或设置标签的文本字体。

● ForceColor：获取或设置标签文本的字体颜色。

标签控件也有很多方法，但是一般情况下因为用户不能操作标签控件，所以很少用到这些方法。事件中最常用的是 Click 事件，即标签被单击时触发的事件。

4.2.2　TextBox 和 RichTextBox

在绝大多数的管理信息系统(Management Information System，MIS)中，开发人员面对的首要问题就是采集用户的信息，大多数情况下是让用户自己来输入，能完成这个任务的有两个控件：TextBox 和 RichTextBox。

TextBox 控件是一个基本的输入控件，如图 4-5 所示。

默认情况下，TextBox 控件只能接受单行信息的输入，并且最大可以接收 32 767 个字符，可以通过其 MaxLength 属性来限制用户输入的字符数量。如果用户需要输入大量的信息，这时可以将 TextBox 控件的 MultiLine 属性设置为 true，这样我们就可以通过鼠标拖动来得到一个更大的可以多行输入的文本框，并且通过 ScrollBars 属性来设置滚动条，如图 4-6 所示。

图 4-5　TextBox 控件　　　　　　　图 4-6　多行文本框

还有一种情况是用户输入的信息是保密的，如银行的密码等，这个时候我们就可以通过 TextBox 控件的 PasswordChar 属性来设置输入内容的掩码，例如我们将其设置为"*"符号，这样当我们输入信息的时候就会显示为一串"*"号，如图 1-7 所示。

TextBox 控件作为一个基本的信息输入控件可以胜任大多数信息采集任务，但是仍然会有一些特殊的情况下无法使用它，例如用户输入的信息量非常大而且文字当中还包含有各种制表符和样式信息，这个时候 TextBox 控件就无能为力了，我们就只有采用第二个类似的控件 RichTextBox。

RichTextBox 控件是一个功能更加强大的文本输入控件，它默认就是多行的，而且最大可以接收 2 147 483 647 个字符，包括各种制表符，甚至可以包含图片，但是它无法实现密码输入的效果，其运行效果如图 4-8 所示。

图 4-7　密码框　　　　　　　　　图 4-8　RichTextBox 控件

TextBox 和 RichTextBox 控件都提供 TextChange 的事件，即文本内容发生变化时所触发的事件，我们可以在这个事件中来实现诸如自动信息验证和自动补全功能，但是需要注意的是这个事件是实时的，也就是说只要 Text 属性发生变化，这个事件就会立刻触发，因此最好不要在这个事件中完成过于复杂的功能，否则会严重影响程序的性能。

4.2.3　Button

当用户完成信息录入后，就需要给系统一个信号，让它来处理这些信息，这个工作大多数时候是交给命令按钮(Button)来完成的。

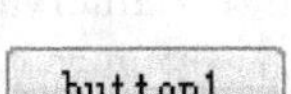

Button 最常见的用法是通过其 Text 属性设置明确的命令名称，例如"确认"、"保存"等，当用户点击 Button 控件后，通过事件处理程序的代码来完成相应的命令。默认情况下，Button 控件如图 4-9 所示。

图 4-9　Button 控件

除了 Text 属性外，Button 控件还有另外几个常用属性：

● Name：获取或设置按钮对象的名称。按钮对象在命名时使用 btn 前缀，如 btnSave 等。

● Font：获取或设置按钮的文本字体。

● ForeColor：获取或设置按钮文本的字体颜色。

● Image：获取或设置显示在按钮控件上的图像。

Button 控件包含很多方法，常用的是 Focue()方法，即为 Button 控件设置输入焦点。事件中最常用的是 Click 事件，即按钮被单击时所触发的事件。

4.2.4　PictureBox

PictureBox 控件用于显示图像，图像可以是 BMP、JPEG、GJF、PNG、元文件或图标。PictureBox 控件本身比较简单，属性也比较少，常用的有以下几个：

● Name：在代码中用来标识控件的名称，其前缀采用 pic。

● Image：在控件中显示的图像。可以通过一个对话框选择图片，亦可以通过代码来实现：

```
picStart.Image = Image.FromFile("C:\\1.jpg");
```

其中 Image 是 C#中操作图像的类，FromFile()方法用来加载图片文件，其需要提供图片文件的路径作为参数。

● SizeMode：控制 PictureBox 将如何处理图片位置和控件大小。它有几个固定的取值：

■ Normal：图像被置于 PictureBox 的左上角。如果图像比包含它的 PictureBox 大，则该图像将被裁剪掉。

■ StretchImage：PictureBox 中的图像被拉伸或收缩，以适应 PictureBox 的大小。

■ AutoSize：调整 PictureBox 大小，使其等于所包含的图像大小。

■ CenterImage：如果 PictureBox 比图像大，则图像将居中显示；如果图像比 PictureBox 大，则图像将居于 PictureBox 中心，而外边缘将被裁剪掉。

■ Zoom：图像大小按其原有的大小比例被增加或减小。

PictureBox 控件没有常用的方法，事件中的单击事件 Click 用得比较多。

4.2.5　Timer

Timer 是一个很有趣的控件，它可以实现按我们定义的时间间隔来引发事件，就像一个闹钟一样。同时这也是一个简单的控件，属性非常少，常用的只有三个：

● Name：在代码中用来标识控件的名称，Timer 控件一般不需要该名称。

● Enabled：时钟的开关，当设置为 true 时，时钟就开始工作。

● Interval：时钟工作的时间间隔，也就是隔多长时间时钟触发一次，其单位是毫秒，例如将其设置为 1000，则时钟就会每秒触发一次事件。

Timer 控件没有常用的方法，事件只有一个——Tick，即每个时间间隔所触发的事件。我们可以在这个事件中通过代码告诉时钟需要做什么事情：

```
private void timer1_Tick(object sender, EventArgs e)
```

```
    {
        lblNum1.Text = r.Next(0, 10).ToString();
    }
```

4.3　用户登录

下面通过一个简单的用户登录窗体来介绍窗体和控件的使用方法。

4.3.1　问题

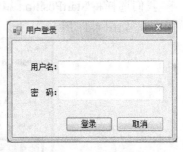

在大部分的 MIS 系统中，用户在使用之前都需要先完
成登录操作，这个过程并不复杂。我们需要提供一个窗体，
供用户输入其用户名和密码，然后对用户输入的信息进行
验证，其运行效果如图 4-10 所示。

窗体看起来比较简单，其具体需求如下：

(1) 窗体运行时要处于屏幕的中央，并且不能够被最大
化和最小化，也不能够改变大小。

图 4-10　登录窗体

(2) 用户名和密码的长度限制在 8 位以内。

(3) 点击"登录"按钮或按下"Enter"键后开始登录验证。

(4) 点击"取消"按钮或按下"Esc"键后退出。

4.3.2　需求分析

打开刚创建的 Windows 项目 CH05，根据需求在窗体上放置两个标签、两个文本框和
两个按钮，接下来完成各项需求。

1. 控件设置

首先将控件按照界面要求排布好位置，然后开始设置它们的各项属性。对于标签和按
钮来说，我们只需要设置其 Name 属性和 Text 属性，文本框除了这两个属性外还有
MaxLength 属性和 PasswordChar 属性需要设置，具体设置如表 4-4 所示。

表 4-4　控件属性设置

窗体元素	类　型	属 性 设 置
用户名	Label	Name: lblUid　Text: 用户名:
密码	Label	Name: lblPwd　Text: 密码:
用户名输入	TextBox	Name: txtUid　MaxLength: 8
密码输入	TextBox	Name: txtPwd　MaxLength: 8　PasswordChar: *
"登录"按钮	Button	Name: btnLogin　Text: 登录
"取消"按钮	Button	Name: btnCancel　Text: 取消

2. 窗体设置

对于窗体，我们需要满足的要求比较多，相应的属性设置也比较多。首先，窗体运行
时要求在屏幕的中央，我们可以通过 StartPosition 属性来设定，其作用是设置窗体的起始位

置，它有 5 个取值，如表 4-5 所示。

表 4-5　StartPosition 属性取值

取　值	说　明
Manual	窗体的位置由 Location 属性确定
CenterScreen	窗体在当前显示窗口中居中，其尺寸在窗体大小中指定
WindowsDefaultLocation	窗体定位在 Windows 默认位置，其尺寸在窗体大小中指定
WindowsDefaultBounds	窗体定位在 Windows 默认位置，其边界也由 Windows 默认决定
CenterParent	窗体在其父窗体中居中

我们选择将 StartPosition 属性设定为 CenterScreen，这样窗体运行的时候就会处于屏幕的中央，如图 4-11 所示。

图 4-11　设定 StartPosition 属性

窗体的最大化和最小化是通过 MaximizeBox 属性和 MinimizeBox 属性设定的，这两个都是布尔类型的属性，默认为 True，即窗体显示最大化和最小化按钮，如果设定为 False，则窗体上的最大化和最小化按钮就不会显示出来，窗体也就无法被最大化和最小化，如图 4-12 所示。

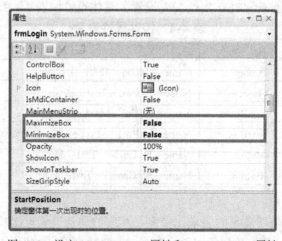

图 4-12　设定 MaximizeBox 属性和 MinimizeBox 属性

如果想设置窗体无法改变大小，可以通过 FormBorderStyle 属性设定，该属性的作用是获取或设置窗体的边框样式，它有 7 个取值，如表 4-6 所示。

表 4-6　FormBorderStyle 属性取值

取 值	说 明
None	无边框
FixedSingle	固定的单行边框
Fixed3D	固定的三维边框
FixedDialog	固定的对话框样式的粗边框
Sizable	可调整大小的边框
FixedToolWindow	不可调整大小的工具窗口边框
SizableToolWindow	可调整大小的工具窗口边框

这里几个以 Fixed 作为前缀的属性都可以完成该要求，但是这几个属性还是存在着细微的差别，在本案例中选择的是 FixedSingle，如图 4-13 所示。其他几个属性及其运行效果读者可以自行观察。

图 4-13　其他属性设置

最后两个要求的实现是在按钮的事件中完成的，但是可以通过属性将按钮和窗体关联起来，这样就可以实现按下"Enter"键后开始登录验证以及按下"Esc"键后退出，关联的方式是通过 AcceptButton 和 CancelButton 两个窗体属性来完成的。前者用来获取或设置当用户按"Enter"键时所单击的窗体上的按钮，这里很自然设定为"登录"按钮。后者则是用来获取或设置当用户按"Esc"键时单击的按钮控件，这里设定为"取消"按钮。另外，不要忘记将 Text 属性设置为"用户登录"，如图 4-13 所示。

3. 事件设置

前面我们提到过，WinForm 编程是事件驱动的，也就是说在编写程序的时候，我们大部分工作就是在控件的特定事件中编写处理程序，并观察是否能够满足用户的需求。例如，我们在"登录"按钮的 Click 事件中编写用户身份验证的处理程序，然后运行程序看是否能够实现该功能。这里面就有两个要点：合适的控件以及合适的事件。在 WinForm 中，每一个对象都有很多不同的事件，但并不是每一个事件我们都会用到，事实上我们常用的事件很有限。

打开事件处理程序代码的方式有两种：在开发界面中双击对象或者在对象事件列表中双击事件。双击对象打开的是该对象的默认事件，在 WinForm 中基本上每一个对象都有一个默认事件，也是我们最常用的事件。例如，按钮的默认事件是 Click，双击按钮就会打开其 Click 事件处理程序。

通过对象事件列表打开事件处理程序主要用于对象的非默认事件，方式并不复杂：首先找到要处理的事件，在其属性窗口中点击闪电图标 ⚡ ，就可以看到该控件的事件列表，如图 4-14 所示。

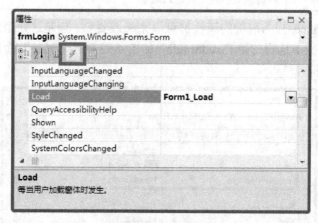

图 4-14　打开事件列表

无论采用哪种方式，我们都会来到窗体的代码编写视图。例如，我们双击"登录"按钮后就会看到其代码设计视图，如图 4-15 所示。

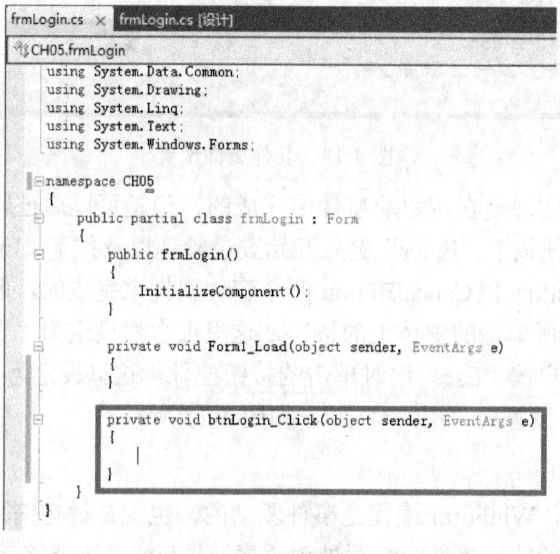

图 4-15　代码设计视图

图 4-15 中矩形框部分就是系统自动创建的登录按钮 Click 事件的处理程序,在这里我们可以编写代码告诉系统如何处理这个事件。联系到前面我们学习到的内容会发现,事件处理程序其实就是窗体类中的一个私有方法,只不过这个方法是系统自动生成的。在这个方法中,方法的命名是对象名称_事件名称,这里我们可以看到方法名称是 btnLogin_Click。参数有两个:第一个 object 类型的 sender 就是对事件源对象的引用,例如这里 sender 指的就是"登录"按钮;第二个 EventArgs 类型的参数 e 就是对事件参数的引用,这里 e 就是 Click 事件的参数。我们可以在这个方法中编写代码来完成对用户点击"登录"按钮这个动作的响应:

```
private void btnLogin_Click(object sender, EventArgs e)
{
    if ((txtUID.Text == "admin") && (txtPwd.Text == "123"))
    {
        lblMsg.Text = "登录成功!";
        lblMsg.BackColor = Color.Blue;
    }
    else
    {
        lblMsg.Text = "登录失败!";
        lblMsg.BackColor = Color.Red;
    }
}
```

在上面的代码中,我们设定用户名是"admin",密码是"123"。如果用户的输入是正确的,那么就会在一个标签中显示"登录成功!",并将标签的背景颜色改为蓝色;如果用户的输入不正确,则显示"登录失败!",并将标签的背景颜色改为红色。这里 Color 是 C# 中用来定义和使用颜色的对象,我们可以通过其属性来获取系统定义的各种颜色。其运行效果如图 4-16 所示。

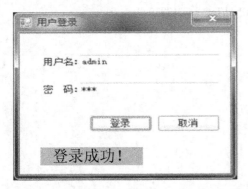
(a) 登录成功

(b) 登录失败

图 4-16　登录窗体运行效果

事实上,事件可以看做是对象之间的互动。例如,对象 A 做出了一些动作或行为,这些动作或行为就会影响到对象 B，这时对象 B 就会做出响应。在这个过程中对象 B 需要知道是谁做出了这些动作或行为，也就是上面提到的 sender 参数，另外还要知道这些动作或行为传递了什么信息，也就是 e 这个参数，这样对象 B 才能够根据这些做出响应。

例如，小菜很喜欢同一个办公室的女生小毅，于是有一天他就为她买了一份早餐，小毅拿到早餐后很自然地会对小菜表示感谢。将这个过程对应到事件中，那么小菜可以看做是对象 A，而小毅可以看做是对象 B，由于动作是小菜做出的，因此他就是 sender，小菜和小毅之间传递的是早餐，那么早餐就是 e，而小毅做出的响应就是"感谢"，我们称此过程为"爱心早餐"事件。

4.3.3　实现用户登录

在完成了以上的需求分析后我们就可以实现登录窗体了：

```
public partial class frmLogin : Form
{
    public frmLogin()
    {
        InitializeComponent();
    }

    //窗体加载
    private void frmLogin _Load(object sender, EventArgs e)
    {
        lblMsg.Text = "";
    }

    private void btnLogin_Click(object sender, EventArgs e)
    {
        if ((txtUID.Text == "admin") && (txtPwd.Text == "123"))
        {
            lblMsg.Text = "登录成功！";
            lblMsg.BackColor = Color.Blue;
        }
        else
        {
            lblMsg.Text = "登录失败！";
            lblMsg.BackColor = Color.Red;
        }
    }

    private void btnCancel_Click(object sender, EventArgs e)
```

```
        {
            Application.Exit();
        }
    }
```

在上面的代码中，我们在窗体的 Load 事件中完成了对消息标签的初始化，因为刚运行不需要显示任何信息，因此我们将其 Text 属性设置为空。在"登录"按钮的 Click 事件中，我们完成了对用户信息的验证，在"取消"按钮的 Click 事件中只有一行代码，即退出系统。这里我们用到了 Application 类，它提供了很多方法，其作用就是管理我们的应用程序，Exit()方法即退出系统。

4.4　摇奖机

下面我们制作一个简单的摇奖机，原理也很简单：通过不停地变换随机数的方式来产生中奖号码。

4.4.1　问题

某商场打算举行一个有奖促销活动，凡是在商场消费超过 300 元的顾客都会得到一张奖票，每个整点商场都会进行抽奖，抽中的顾客可以得到相应的奖品。为了方便，商场委托我们制作一个自动摇奖的小程序，能够自动地随机产生一个 6 位中奖号码，其运行效果如图 4-17 所示。

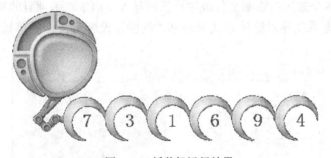

图 4-17　摇奖机运行效果

整个摇奖机的具体需求如下：

(1) 界面要够"炫"，因此不能采用普通的窗体。

(2) 整个摇奖的过程要尽可能简单，以杜绝作弊。

(3) 颜色要鲜艳、醒目。

(4) 摇奖的结果应是随机的，不能有人为操作的痕迹。

4.4.2　需求分析

接下来我们就来仔细地分析一下摇奖机的各项要求。

1．不规则窗体制作

仔细观察图 4-17 所示的摇奖机的界面，我们发现这不是一个一般意义上的窗体，因为它没有边界，而且外形也不是传统的四四方方的样子，这种窗体我们称为不规则窗体。它看起来虽然很"炫"，但是制作起来并不复杂。

首先，我们需要准备一张 bmp 格式的图片，而且最好是色彩反差比较大的那种，这样在进行镂空的时候才能够使边界显得清晰，否则就会出现有"毛刺"的边界。然后，找到窗体的 BackgroundImage 属性，如图 4-18 所示。

图 4-18　窗体的 BackgroundImage 属性

点击属性右边的 ... 按钮就可以打开窗体背景图片的设置窗体。在 WinForm 中，系统用到的图片可以有两个来源：资源文件或本地系统导入。由于这里项目的资源文件是空的，因此我们选择本地系统导入这种方式来将刚才的图片设置为窗体的背景图片，如图 4-19 所示。

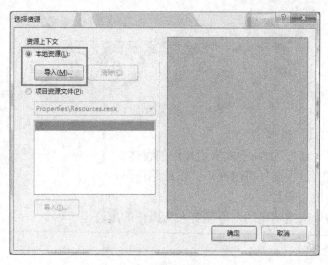

图 4-19　导入本地系统图片

点击"导入(M)…"按钮就可以打开图片选择对话框，选中我们刚才准备的图片，然后点击"打开(O)"按钮，如图 4-20 所示。

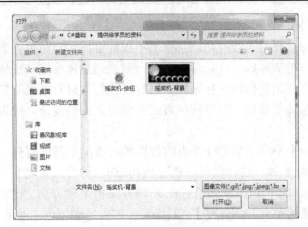

图 4-20　选择图片

　　这时在刚才选择资源的窗体右侧就可以看到我们选择的图片已经被加入到系统资源中了，点击"确定"按钮完成窗体背景图片的设置，调整窗体的大小以更好地展示图片，如图 4-21 所示。

图 4-21　完成窗体背景图片设置

　　这时如果运行程序我们会发现效果非常不好，根本就没有任何镂空效果出现，接下来我们还需要进一步的加工。在窗体的属性窗口中找到 TransparencyKey 属性，将其设置为图片的背景颜色，例如黑色，这样窗体上所有黑色的部分都会变成透明的，也就是说将窗体上黑色的部分给"掏"去了，如图 4-22 所示。

　　此时再次运行程序，窗体镂空效果就可以实现了。这个过程中最为重要的就是图片的色彩了，最好使用纯色作为背景颜色的图片，而且背景颜色和其他部分的色彩反差越大越好，这样镂空出来的效果才能够做到最佳。最后将窗体的 FormBorderStyle 属性设置为 None 即可，如图 4-23 所示。

图 4-22　设置 TransparencyKey 属性

图 4-23　设置 FormBorderStyle 属性

2. 鼠标拖动窗体

经过前面的学习，我们已经成功地制作了不规则窗体，但是另一个问题出现了：我们的窗体无法移动了！在 Windows 中，移动窗体一般是通过鼠标拖动窗体的标题栏部分来实现的，但是我们的不规则窗体没有标题栏，这时候我们就只有采用第二种方式，即通过鼠标拖动窗体来实现窗体的移动。当然这种方式实现起来有些复杂，因为要运用一些简单的几何知识。

我们知道，在一个平面中确定一个点的位置通常情况下是需要有一个坐标系，找到坐标原点并设置 X 轴和 Y 轴，这样就可以通过 P(10,20)这种方式来说明一个点的位置。当这个点发生移动的时候，我们就需要知道它在 X 轴方向和 Y 轴方向上的移动量，然后通过简单的运算就可以知道这个点的新位置了。例如，点 P 在 X 轴方向上移动了 10 个单位，在 Y 轴方向上移动了-5 个单位，那么点 P 的新位置就是 P(10+10,20-5) = P(20,15)。在这个运算过程中我们需要知道的就是三个信息：点 P 的原始坐标、点 P 在 X 轴方向上的移动量和在 Y 轴方向上的移动量。

在 Windows 中，屏幕的左顶点就是坐标的原点，而窗体的位置就是由其左顶点的坐标来决定的，这个坐标可以通过窗体的 Location 属性得到：

    Point p = this.Location;

同样的原理，通过修改这个属性我们就可以改变窗体在屏幕上的位置：

    this.Location = new Point(p.X + 100, p.Y - 200);

也就是说，通过鼠标拖动窗体的第一个重要信息我们已经获得了，那么如何确定窗体的移动量呢？这时候我们就需要第二个重要的帮手，即鼠标。事实上，在鼠标拖动窗体的过程中，窗体的移动量和鼠标的移动量是相等的，因此我们只需要计算出鼠标的移动量就可以得到窗体的移动量了。

如何计算鼠标的移动量呢？通过前面的学习我们知道，将点 P 前后两个坐标进行简单的减法运算就可以得到点 P 的移动量了，因此如果我们将鼠标移动前后的坐标相减就可以得到鼠标的移动量了，也就是窗体的移动量。系统提供的 MousePosition 可以帮助我们完成这个工作。这样我们就获得了所有的信息。

接下来是整理用户的操作过程。整个操作过程应该是这样的：当用户在窗体的任意位置单击时，我们就将窗体当前的位置和鼠标的当前位置记录下来：

    formOld = this.Location;

    mouseOld = MousePosition;

当用户移动鼠标的时候，我们就通过鼠标的移动量来重新计算窗体的位置，这样窗体就可以随着鼠标一起移动了：

    Point mouseNew = MousePosition;

    int moveX = mouseNew.X - mouseOld.X;

    int moveY = mouseNew.Y - mouseOld.Y;

    this.Location = new Point(formOld.X + moveX, formOld.Y + moveY);

最后还有两个地方需要注意。首先就是鼠标的原坐标和窗体的原坐标需要声明成为全局变量，因为要在整个窗体的两个不同的事件中用到这两个变量：

```
public partial class Form1 : Form
{
    private Point mouseOld;
    private Point formOld;
    …
}
```

这两个变量都是 Point 类型的，这是 C#中的一个结构体，用来描述"点"对象。

另外，我们用到的两个窗体事件分别是 MouseDowm 和 MouseMove。MouseDowm 是当鼠标按键按下时触发的。制作事件处理程序的过程非常简单，首先选中界面中需要操作的控件，然后在属性窗口中点击闪电图标 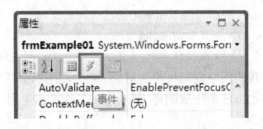，就可以看到该控件的事件列表，如图 4-24 所示。

图 4-24　打开事件列表

在事件列表中选中相应的事件后双击就可以打开事件处理的代码：

```
private void Form1_MouseDown(object sender, MouseEventArgs e)
{
    //取得窗体和鼠标的原坐标
}
```

在这个事件处理程序中，方法的名称及其参数是系统自动生成的，不需要我们做修改，因此事件处理程序我们只需要关心方法内的代码就可以了。

MouseMove 是当鼠标在窗体上移动的时候触发的，在这个事件中我们要对鼠标的按键做一个判断，只有鼠标按下的是左键的时候才做处理：

```
private void Form1_MouseMove(object sender, MouseEventArgs e)
{
    if (e.Button == System.Windows.Forms.MouseButtons.Left)
    {
        //处理窗体移动
    }
}
```

这里我们用到了事件参数 e。事实上，所有的系统事件基本上都带有两个参数：sender 和 e。object 类型参数 sender 是事件引发者的引用，例如这里就是指窗体对象。参数 e 就是事件本身的引用，一般情况下系统会通过 e 这个参数来传递一些系统信息，例如这里就可以通过 e 得到鼠标的按键信息。

3．随机产生数字

摇奖机需要使用随机数来生成中奖号码，随机数我们依然采用 Random 对象来实现，这个对象在前面几章的练习中已经用过了。在这里的摇奖机中，我们需要将随机数的范围设置为 0～9，并且在 Timer 控件的 Tick 事件中完成随机数字的生成，然后将结果放置在标签控件的 Text 属性上：

```
private void timer1_Tick(object sender, EventArgs e)
{
    lblNum1.Text = r.Next(0, 10).ToString();
    lblNum2.Text = r.Next(0, 10).ToString();
    lblNum3.Text = r.Next(0, 10).ToString();
    lblNum4.Text = r.Next(0, 10).ToString();
    lblNum5.Text = r.Next(0, 10).ToString();
    lblNum6.Text = r.Next(0, 10).ToString();
}
```

在上面的代码中，我们用全局随机类的对象 r 来生成随机数，由于标签的 Text 属性是 string 类型的，而 r.Next()方法所生成的是 int 类型的，因此这里用 ToString()方法将其转换为 string 类型。

4．开始和结束

通过用户提供的摇奖机的界面我们发现没有开始和结束按钮，如果添加这两个按钮又会破坏界面，因此我们通过两个 PictureBox 控件，将界面上的两个 ● 部分"偷梁换柱"成为两个控制按钮，如图 4-25 所示。

两个 PictureBox 控件使用同样的图片，SizeMode 全部设置为 AutoSize，然后在它们的 Click 事件中完成对 Timer 控件的开关操作：

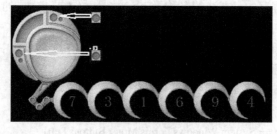

图 4-25　开始和结束

```
//打开时钟
private void picStart_Click(object sender, EventArgs e)
{
    timer1.Enabled = true;
}


//关闭时钟
```

```csharp
private void picStop_Click(object sender, EventArgs e)
{
    timer1.Enabled = false;
}
```

4.4.3　实现摇奖机

在完成了上面的需求分析后，我们就可以完成摇奖机的制作了：

```csharp
public partial class frmExample01 : Form
{
    private Point mouseOld;              //鼠标旧坐标
    private Point formOld;               //窗体旧坐标
    private Random r;                    //随机数对象

    public frmExample01()
    {
        InitializeComponent();
    }

    //窗体加载：完成随机数对象的实例化
    private void frmExample01_Load(object sender, EventArgs e)
    {
        r = new Random();
    }

    //鼠标按下事件：记录鼠标和窗体的旧坐标
    private void Form1_MouseDown(object sender, MouseEventArgs e)
    {
        formOld = this.Location;
        mouseOld = MousePosition;
    }

    //鼠标移动事件：计算窗体的新坐标
    private void Form1_MouseMove(object sender, MouseEventArgs e)
    {
        if (e.Button == MouseButtons.Left)
        {
            Point mouseNew = MousePosition;
            int moveX = mouseNew.X - mouseOld.X;
            int moveY = mouseNew.Y - mouseOld.Y;
```

```
            this.Location = new Point(formOld.X + moveX, formOld.Y + moveY);
        }
    }


    //时钟：生成随机数并显示
    private void timer1_Tick(object sender, EventArgs e)
    {
        lblNum1.Text = r.Next(0, 10).ToString();
        lblNum2.Text = r.Next(0, 10).ToString();
        lblNum3.Text = r.Next(0, 10).ToString();
        lblNum4.Text = r.Next(0, 10).ToString();
        lblNum5.Text = r.Next(0, 10).ToString();
        lblNum6.Text = r.Next(0, 10).ToString();
    }


    //打开时钟
    private void picStart_Click(object sender, EventArgs e)
    {
        timer1.Enabled = true;
    }


    //关闭时钟
    private void picStop_Click(object sender, EventArgs e)
    {
        timer1.Enabled = false;
    }
}
```

在上面的代码中，我们首先声明了三个全局变量，即两个坐标对象和一个随机数对象。随后，在窗体的 Load 事件中将随机数对象进行了实例化，在 MouseDown 事件中我们记录下了窗体和鼠标的旧坐标。接下来，在 MouseMove 事件中我们取得了鼠标的新坐标，并通过和旧坐标的比较得到了鼠标的移动量，也就是窗体的移动量，然后通过赋值将窗体移动到了新的位置。随后，在时钟的 Tick 事件中我们生成随机数并显示在标签中。最后，通过两个 PicturecBox 控件的 Click 事件完成了对时钟的开关操作。

4.5 总结

本章介绍了 WinForm 应用程序的一些基础知识，使我们简单认识了 Windows 应用程序基础组成部分：窗体。通过对窗体相关属性、方法和事件的学习，我们已经能够简单地设置和操作窗体了。Windows 应用程序的另一个组成部分就是控件。本章主要介绍了三个简单的控件：Label、PictureBox 和 Timer。最后通过一个摇奖机小程序将这些内容组合在了一起。本章只是个开始，在后面的章节中我们依然通过各种不同的小程序来演示 WinForm 中的各种不同的控件。

4.6　上机部分

4.6.1　本次上机课总目标

(1) 掌握 Windows 应用程序的制作方法；

(2) 掌握事件驱动编程模式；

(3) 掌握不规则窗体的制作方法。

4.6.2　上机阶段一(20 分钟内完成)

1. 上机目的

掌握 Windows 应用程序的制作方法。

2. 上机要求

计算器是大家使用得比较多的小工具，下面我们用学过的控件创建一个自己的 Windows 计算器，其运行界面如图 4-26 所示。

图 4-26　计算器界面

整个计算器有以下几个要求：

(1) 窗体运行的时候处于屏幕中央。

(2) 窗体无法最大化和最小化。

(3) 窗体无法改变大小。

(4) 显示数字的文本框要右对齐。

(5) 数字和按钮的字体统一采用宋体四号字。

3. 实施步骤

(1) 打开 VS2010，创建 WinForm 项目 LabCH05。

(2) 将默认窗体 Form1 改名为 frm Calculator，并设置其 StartPosition 属性为 CentreScreen，MaximizeBox 和 MinimizeBox 属性为 False(用来取消窗体最大化和最小化的按钮)，FormBorderStyle 属性为 FixedSingle，Text 属性为计算器。

(3) 在窗体上添加一个 TextBox 控件，设置其 Dock 属性为 Top(用来指示控件的停靠位置)，Name 属性为 txtResult，TextAlign 属性为 Right(用来设定文本的对齐方向)，Font 属性为合适的值。

(4) 在窗体上添加 16 个 Button 控件，按要求设置它们的 Size、Name、Font 和 Text 属性为合适的值。

(5) 按要求完成功能。

(6) 运行查看效果。

4.6.3　上机阶段二(25 分钟内完成)

1．上机目的

掌握事件驱动编程模式。

2．上机要求

在我国温度采用的是摄氏温度，而在美国则采用华氏温度，这使得我们在日常交流中非常不方便，因此要求我们制作一个小程序，能够自动将华氏温度转换成为摄氏温度，其运行效果如图 4-27 所示。

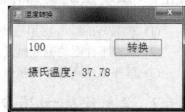

转换程序的具体要求如下：

(1) 窗体启动的时候要求在屏幕中央。

(2) 窗体无法最大化和最小化。

(3) 窗体无法改变大小。

(4) 转换公式：摄氏温度=(5 / 9) * (华氏温度 − 32)。

图 4-27　温度转换

3．实施步骤

(1) 在项目 LabExample 中添加新窗体，命名为 frmTrans。

(2) 按要求修改窗体的 StartPosition、MaximizeBox、MinimizeBox、FormBorderStyle 和 Text 等属性的值。

(3) 在窗体上添加 TextBox 控件，按要求设置其 Name 和 Font 属性的值，并调整其大小和位置。

(4) 在窗体上添加一个 Button 控件，按要求设置其 Name、Font 和 Text 等属性的值，并调整其大小和位置。

(5) 在窗体上添加一个 Label 控件，按要求设置其 Name 和 Font 属性的值，并调整其大小和位置。

(6) 在 Button 控件的 Click 事件中完成温度的转换。

(7) 运行查看效果。

4.6.4　上机阶段三(25 分钟内完成)

1．上机目的

掌握事件驱动编程模式。

2．上机要求

下面来做一个猜数字的小游戏，运行效果如图 4-28 所示。

具体要求如下：

(1) 窗体启动的时候要求在屏幕中央。

(2) 窗体无法最大化和最小化。

图 4-28　猜数字游戏

(3) 窗体无法改变大小。

(4) 窗体背景色默认为银色，如果用户输入的数字大了，则窗体背景色为红色，并显示"高了!"，反之则为蓝色，并显示"低了!"。

(5) 如果用户猜中了，则窗体为绿色，并显示"恭喜你!"，同时禁用输入框。

(6) 提供一个"重置"按钮以便开始下一次游戏，并重置窗体颜色为银色。

(7) 记录并显示用户猜测的次数。

3．实施步骤

(1) 在项目 LabExample 中添加新窗体，命名为 frmGuest。

(2) 修改窗体 StartPosition、MaximizeBox、MinimizeBox、FormBorderStyle 和 Text 等属性的值。

(3) 按要求在窗体上添加相应的控件，设置其相关属性的值，并调整其大小和位置。

(4) 在"猜一猜"按钮的 Click 事件中完成相关功能。

(5) 在"新游戏"按钮的 Click 事件中完成相关功能。

(6) 运行查看效果。

4.6.5　上机阶段四(30 分钟内完成)

1．上机目的

掌握不规则窗体的制作方法。

2．上机要求

在我们日常的工作中，经常需要注意时间，但是在 Windows 中时间一般只能在右下角看到，现在需要我们制作一个简单的时钟程序，能够将时间显示出来，运行效果如图 4-29 所示。

具体要求如下：

(1) 窗体启动的时候要求在屏幕中央。

(2) 窗体无法最大化和最小化。

(3) 窗体无法改变大小。

图 4-29　　时钟

(4) 窗体的外形是一个闹钟的样子，并且总是显示在其他窗体的上面。

3．实施步骤

(1) 在 LabExample 中添加一个新窗体，命名为 frmClock。

(2) 按要求修改窗体的 StartPosition、MaximizeBox、MinimizeBox 和 Text 等属性的值。

(3) 将窗体的 TopMost 属性设定为 true，这样窗体就可以总是显示在其他窗体的前面。

(4) 按要求设置窗体的 BackgroundImage、TransparencyKey 和 FormBorderStyle 属性，制作不规则窗体。

(5) 在窗体上添加一个 Label 控件，设置其相关属性的值，并调整其大小和位置。

(6) 在窗体上添加一个 Timer 控件，设置其相关属性的值，并在其 Tick 事件中完成时间设置。

(7) 运行查看效果。

4．特别注意的内容

可以通过 DateTime.Now.ToLongTimeString()方法来读取系统时间。

4.6.6 上机作业

(1) 交通信号灯是城市交通管理的一个重要的工具，现在需要我们制作一个交通信号灯的模拟程序，要求有红、黄和绿三种颜色，其中红灯和绿灯都是亮 1 分钟，黄灯要求闪烁 5 秒。变换顺序是红灯→黄灯→绿灯→黄灯→红灯，如图 4-30 所示。

(2) 某手机生产商请求我们帮助其制作一个手机模拟程序，能够让用户在电脑上感受手机的各种功能。程序运行后就是一个手机的样子，点击图标即可感受相应的功能，现在需要我们制作一个这样的窗体，如图 4-31 所示。

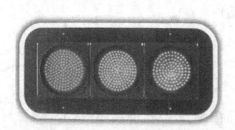

图 4-30　交通信号灯　　　　　　　　图 4-31　手机模拟程序

习题

一、选择题

1. 下列关于窗体属性的描述错误的是(　　)。(选 1 项)

A．BackgroundImage：用来设置窗体的背景图片

B．Name：用来设定窗体的标题

C．Text：用来设定窗体的标题

D．StartPosition：用来设定窗体的起始位置

2. 下列关于窗体方法的描述错误的是(　　)。(选 1 项)

A．Close：用来关闭窗体

B．Dispose：用来隐藏窗体

C．Show：用来打开窗体

D．ShowDialog：表示以模式窗口的方式打开窗体

3. 下列关于窗体事件的描述错误的是(　　)。(选 2 项)

A．Closed：窗体关闭前触发的事件

B．Closing：窗体关闭后触发的事件

C．Load：窗体加载时触发的事件

D．Resize：窗体大小发生变化时触发的事件

4．下列关于 Lable 的 AutoSize 属性的描述正确的是(　　)。(选 1 项)

A．默认情况下内容将随着控件的大小而改变大小

B．默认情况下控件将随着窗体的大小而改变大小

C．默认情况下控件将随着内容而改变大小

D．默认情况下控件不会改变大小

5．如果需要图像大小按比例缩放，则应当将 PictureBox 控件的 SizeMode 属性设置为

(　　)。(选 1 项)

A．StretchImage　　　　　　　　B．AutoSize

C．CenterImage　　　　　　　　D．Zoom

6．Timer 控件 Interval 属性的单位是(　　)。(选 1 项)

A．毫秒　　　　　B．秒　　　　　C．分钟　　　　　D．小时

7．在 WinForm 中,不规则窗体是通过修改窗体的(　　)属性和(　　)属性来实现的。(选

2 项)

A．BackgroundImage　　　　　　B．FormBorderStyle

C．WindowState　　　　　　　　D．TransparencyKey

8．在 WinForm 中，MousePosition 属性的作用是(　　)。(选 1 项)

A．鼠标相对于窗体的坐标

B．鼠标相对于屏幕的坐标

C．鼠标相对于所点击控件的坐标

D．鼠标相对于上一次点击的坐标

9．在实现鼠标拖曳窗体这个功能时我们采用的事件是(　　)。(选 2 项)

A．MouseDown　　　　　　　　B．MouseUp

C．MouseMove　　　　　　　　D．MouseHover

10．PictureBox 控件能够显示的图像类型有(　　)。(选 2 项)

A．BMP　　　　B．JPEG　　　　C．DOC　　　　D．AVI

二、简答题

1．试列出窗体的常用属性及其作用(至少 5 个)。

2．试列出窗体的常用方法及其作用(至少 5 个)。

3．试列出窗体的常用事件及其作用(至少 5 个)。

三、代码题

1．试编写一个小程序，当鼠标在窗体上点击时显示鼠标的坐标。

2．试编写一个小程序，当窗体被拖动时实时显示窗体的坐标。

第 5 章　WinForm 基础(二)

在上一章中我们简单介绍了 WinForm 中的窗体对象，并且制作了一些有趣的小程序。事实上，窗体在 Windows 应用程序中更多的是提供一个载体，真正帮助我们实现功能的是各种控件。在上一章中介绍了几个简单的控件，本章将继续介绍各种不同的控件，并且制作一些较为复杂的程序。

本章的基本要求如下：

(1) 熟练掌握 WinForm 中的基本控件；

(2) 熟练掌握菜单的使用；

(3) 理解 WinForm 中窗体的互操作；

(4) 掌握窗体的互操作。

5.1　控件

VS2010 本身提供了很多功能强大的控件，在上一章中我们已经学习了其中的几个，接下来我们将会根据各种不同的场合和需求来学习更多的控件。

5.1.1　选择控件

在实际的开发过程中，选择也是经常会碰到的一种操作类型，事实上我们在设计程序的时候一般都会优先考虑让用户进行选择操作而不是输入操作，因为选择操作是我们可以控制的，而输入操作我们无法控制。例如，当我们期望得到用户性别这样的信息的时候，选择操作往往要比输入操作简单、容易得多。

选择操作分为单选和多选，在 WinForm 中分别采用 RadioButton 控件和 CheckBox 控件来实现。这两个控件的属性几乎是一样的，常用的属性有两个：

● Checked：控件是否处于选中状态。

● Text：呈现在控件上的文本信息。

RadioButton 和 CheckBox 控件的运行效果如图 5-1 所示。

性别：　○ 男　● 女

爱好：　☑ 逛街　□ 吃饭　☑ 睡觉　□ 打球

图 5-1　RadioButton 和 CheckBox 控件的运行效果

在有些情况下，我们也可以通过 Appearance 这个属性来修改控件的外观，默认情况下的外观如图 5-1 中所呈现的那样，当我们设定这个属性值为 "Button" 的时候，它们将以按钮的形式呈现出来，如图 5-2 所示。

性别：　男　　女

爱好：　逛街　吃饭　睡觉　打球

图 5-2　按钮状态的 RadioButton 和 CheckBox 控件

　　RadioButton 和 CheckBox 这两个控件都没有常用的方法，而对于常用的事件两者是不一样的。RadioButton 控件的常用事件是 Click，即控件被单击的时候所触发的事件，而 CheckBox 控件的常用事件是 CheckedChanged，即控件的选中状态发生变化时所触发的事件。

　　有一点需要特别说明，在窗体上 CheckBox 控件是可以同时存在多组的，但是 RadioButton 则特殊一些，在同一个容器中只能存在一组，也就是说如果不借助于其他控件，窗体上只能有一组 RadioButton 控件。

　　如果需要在窗体上放置多组 RadioButton 控件，则需要借助于容器控件，常用的容器控件有 GroupBox 和 Panel，在使用的时候首先把容器控件放置在窗体上，然后将 RadioButton 控件放置在容器空间中就可以了，如图 5-3 所示。

图 5-3　使用多组 RadioButton 控件

　　CheckBox 控件所使用的默认事件是 CheckedChanged，即选中状态发生变化时所触发的事件，当我们需要根据用户的选择来完成不同的操作时可以使用该事件，一般来说在使用的时候都要对控件的 Checked 属性进行判断。

　　RadioButton 控件则有所不同，虽然其默认事件也是 CheckedChanged，但是在开发的过程中其 Click 事件反倒用得更多些，这是因为对于 CheckBox 控件来说，单击可能是几种不同的状态，而 RadioButton 控件只要是单击，就一定会是选中的状态，这样就省去了状态判断的过程了。

5.1.2　列表控件

　　列表控件也是提供用户选择的控件，只是更加"节省"空间。常用的列表控件有 ComboBox 和 ListBox 两个，前者提供单选，后者提供多选。对于这两个控件我们主要关注三个方面：如何设定选择项、如何获取选择项以及如何删除选择项。

1．设定选择项

　　ComboBox 和 ListBox 都具有一个 Items 属性，它们的选择项就存放在这个属性中，设定的方式有两种：通过编辑器编辑和通过代码设定。

当我们通过编辑器编辑选择项的时候，首先需要找到 Items 属性，点击后面的...按钮就可以打开选择项编辑器，剩下的任务是在编辑器中写下我们所要提供出来的选项即可，如图 5-4 所示。

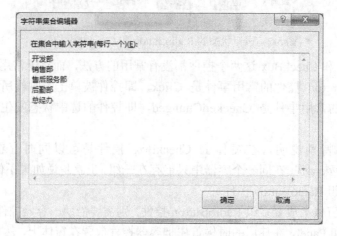

图 5-4　选项编辑器

通过这种方式设定的选项很难根据实际情况发生变化，如果需要动态设置选项内容，就需要通过代码的方式来完成：

```
private void frmExample_Load(object sender, EventArgs e)
{
        comboBox1.Items.Add("开发部");
        comboBox1.Items.Add("销售部");
        comboBox1.Items.Add("后勤部");
        comboBox1.Items.Add("售后服务部");
        comboBox1.Items.Add("总经办");
}
```

在上面的代码中，我们通过调用 ComboBox 控件 Items 属性的 Add()方法来完成动态添加选择项的任务。在使用 Add()方法的时候，我们将需要添加的选择项作为一个字符串参数传递给该方法就可以了，其运行效果如图 5-5 所示。

图 5-5　ComboBox 运行效果

如果要设定 ListBox 控件，只需要将上述代码中的 comboBox1 替换成 ListBox 控件的名称即可。即使这样，这两个控件还是有一些明显的差别的。

对于 ComboBox 控件来说，其最有趣的就是 DropDownStyle 属性了，事实上这个控件可以看做是 TextBox 和 ListBox 两个控件结合在一起而成的，因此它可能表现出多种不同的样式，而这个属性就是用来设定其样式的，它有三个取值：

- Simple：控件表现为文本框样式，可以输入或通过键盘上下键选择选项。
- DropDown：默认样式，控件表现为带下拉键的样式，可以输入或通过鼠标选择选项。
- DropDownList：控件表现为带下拉键的样式，但只能够通过鼠标选择选项。

以上三种样式的运行结果如图 5-6 所示。

(a) Simple   (b) DropDown   (c) DropDownList

图 5-6 ComboBox 的三种样式

对于 ListBox 控件来说，需要特别注意它的 SelectionMode 属性，这个属性是用来设定 ListBox 控件的选择模式的，它有四个取值：

- None：控件无法选择任何内容。
- One：默认值，控件只能选中一个选项。
- MultiSimple：控件可以选中多个选项，操作方式为点击后选中，再次点击后取消选中状态。
- MultiExtended：控件可以选中多个选项，操作方式为鼠标拖动选择，点击控件任意位置后取消选中状态。

以上四种状态的运行效果如图 5-7 所示。

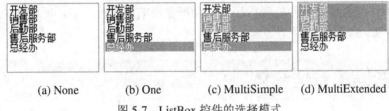

(a) None   (b) One   (c) MultiSimple   (d) MultiExtended

图 5-7 ListBox 控件的选择模式

2. 获取选择项

因为 ComboBox 控件是单项选择的控件，所以其取值比较简单，直接通过 Text 属性就可以取得用户选择项的值：

```
string str = comboBox1.Text;
```

对于 ListBox 控件来说就麻烦一些了，因为它是可以多选的，所以就必须通过一个循环的方式来取得用户所有的选择项，并且将结果进行组合才能够得到最终的结果：

```
string str = "";

for (int i = 0; i < listBox4.SelectedItems.Count; i++)
{
    str += listBox4.SelectedItems[i].ToString() + ";";
}
```

在上面的代码中我们通过一个循环结构来读取用户的选中信息，对于 ListBox 控件来说，用户的选择项被放在了 SelectItems 属性中，因此我们才需要一个循环结构。

3．删除选择项

列表控件的选择项同样可以动态删除，所使用的是 Items 属性的两个方法：

● Remove：删除 Items 中指定的选择项。

● RemoveAt：删除 Items 中指定下标的选择项。

对于 ComboBox 控件来说，使用哪个方法都一样，但是对于 ListBox 控件来说，RemoveAt()方法使用得将会更多一些：

```
for (int i = listBox1.SelectedIndices.Count-1; i > -1; i--)
{
    listBox1.Items.RemoveAt(listBox1.SelectedIndices[i]);
}
```

仔细观察上面的代码会发现，有两个地方比较引人注目。首先，我们用到了一个新的属性 SelectedIndices，它包含了 ListBox 控件中所有选择项的下标。另一个重要的地方就是，在执行删除操作的时候一定要从后向前删除，因为如果从前向后删除，则每删除一个项，其他项的下标就会发生变化。另外，我们也可以使用 Items 属性的 Clear()方法来清除所有的选择项。

ComboBox 控件的默认事件是 SelectedIndexChanged，即选中项下标发生变化时所触发的事件，如果我们需要根据用户不同的选择来完成不同的操作时就可以使用该事件。ListBox 控件虽然也有很多事件，但是在实际开发的过程中一般很少用到，原因很简单：如果用户每次操作都会触发事件处理程序，就会严重影响到执行效率，所以我们都是在用户选择完成后再处理。

5.2　电影信息管理窗体

控件的学习是一个枯燥的过程，因此最好的办法就是和具体的需求结合在一起。

5.2.1　问题

我们再次回到音像店管理程序，这一次我们将制作一个管理电影对象的窗体，尽管因为没有数据库的支持我们还不能实现具体的功能，但是可以学习到上面讲到的控件的具体使用方式，窗体的运行效果如图 5-8 所示。

这只是一个简单的窗体，并不能完成具体的功能，但是也有很多需求：

(1) 窗体不能最大化和最小化。

(2) 窗体不能改变大小。

(3) 首次运行的时候窗体在屏幕正中。

(4) 地区下拉列表只能选择不能输入。

(5) 主演为多行文本框。

(6) 简介为 RichTextBox。

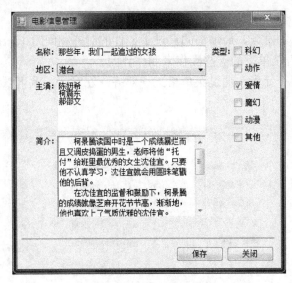

图 5-8 电影管理窗体

5.2.2 需求分析

1. 控件设置

由于涉及的控件比较多，因此我们通过表 5-1 加以说明。

表 5-1 控 件 说 明

界面元素	类 型	属 性 设 置
窗体	Form	Name：frmFilmManage Text：电影信息管理 MaximizeBox：False MinimizeBox：False FormBorderStyle：FixedSingle StartPosition：CenterScreen
名称	Label	Name：lblName Text：名称：
地区	Label	Name：lblArea Text：地区：
主演	Label	Name：lblActor Text：主演：
简介	Label	Name：lblDesc Text：简介：
类型	Label	Name：lblType Text：类型：
名称输入框	TextBox	Name：txtName
地区选择框	ComboBox	Name：cboArea DropDownStyle：DropDownList Items：内地、港台、日韩、欧美、其他
主演输入框	TextBox	Name：txtActor MultiLine：True
简介输入框	RichTextBox	Name：txtDeac
类型选择	CheckBox	Name：chkType+数字编号
保存	Button	Name：btnSave Text：保存
关闭	Button	Name：btnClose Text：关闭

2. 界面操作

在进行界面设计的时候，最烦恼的莫过于控件的对齐和间距了，在 VS2010 中，我们可以通过"格式(O)"菜单下的一些操作来制作界面。

选中界面中的多个元素，通过菜单格式→对齐→左对齐，就可以调整多个元素，如图 5-9 所示。

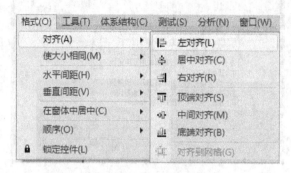

图 5-9　对齐控件

调整前后如图 5-10 所示。

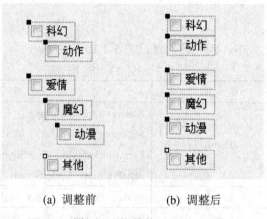

(a) 调整前　　　　　(b) 调整后

图 5-10　调整前后对比

除了左对齐之外，当然还可以选择右对齐或者中间对齐，如果是横向的，则可以选择顶端对齐或者底端对齐等。另外，如果希望控件的间距相等，则可以通过菜单中的"水平间距(H)"或者"垂直间距(V)"来调整。

如果是单个控件，系统有另外一种更加便捷的方式来帮助我们调整控件：选中一个控件，把它拖动到希望对齐的另一个控件旁边，系统就会自动出现对齐线，如图 5-11 所示。

图 5-11　对齐线

熟练掌握这些界面设置技巧，将会让我们的界面制作不但速度快，而且更加专业。

5.3　菜单

Windows 应用程序还有一个重要的特征：菜单。菜单一般都会出现在界面的顶端，其作用就是用很小的空间里将系统的功能进行分类，然后呈现在用户的面前。在 WinForm 中，菜单分为两种：主菜单和上下文菜单。

5.3.1　主菜单

主菜单放置在窗体的顶部，提供整个系统的完整功能展示。制作菜单很简单，在工具箱的"菜单和工具栏"选项卡中找到"MenuStrip"项，图标是 , 将其拖曳到窗体上。这时在窗体的底部就会有一个单独的区域用来存放 MenuStrip 对象，其实这个区域我们在前面使用 Timer 对象的时候曾经出现过，它主要是用来盛放那些运行的时候不需要显示出来的控件的，例如 Timer、MenuStrip 等。同时，在窗体的顶部就会出现一个菜单编辑器。在 WinForm 中，菜单的编辑制作是一个所见即所得的过程，也就是说我们编辑的菜单是什么样子的，那么运行的效果就是什么样子的，如图 5-12 所示。

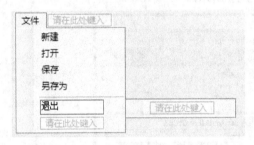

图 5-12　菜单编辑器

在 WinForm 中所有的菜单都是 ToolStripMenuItem 对象，它的使用和普通的控件是一样的，因此我们还是从属性开始来认识菜单对象。选中一个菜单对象后，我们就可以在属性窗口中看到其常用的属性，这里只需要了解以下几个属性：

● Name：菜单对象在代码中的唯一名称，一般采用 mnu 作为前缀。

● Text：菜单对象上呈现出来的说明性文字，当文本为"-"符号时就呈现出一条分割线。

● ShortcutKeys：与菜单项相关联的快捷键设置，点击旁边的下拉框就可以打开如图 5-13 所示的操作界面，这里可以选择组合的快捷键。

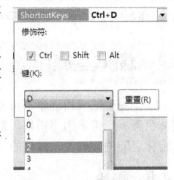

在使用主菜单时需要注意以下几点：

(1) 快捷键应当尽可能按照我们的日常习惯来设置，并且不和系统的常用快捷键相冲突。

(2) 尽管没有规定，但是菜单最好不要设置超过三层，否则使用起来会很麻烦。

图 5-13　ShortcutKeys 设置

(3) 尽量合理地规划和组织菜单，这会给用户带来很大的便利。

菜单对象没有常用的方法，常用的事件是 Click，即菜单被单击时所触发的事件。

5.3.2　上下文菜单

除了主菜单之外，在 WinForm 中还有一种称为上下文菜单的对象：ContentMenuStrip。这种菜单对象主要是用来实现右键弹出式菜单的。一般情况下，Windows 应用程序中的某些界面对象系统会自动添加右键弹出菜单，但是如果我们需要自己定制这个菜单，就要借助于 ContextMenuStrip 对象了。

制作上下文菜单的过程很简单。首先在工具箱中找到上下文菜单 ContextMenuStrip，双击或将其拖曳到窗体上，这时就会在窗体上添加一个名称为 contextMenuStrip1 的对象，因为它也是由 ToolStripMenuItem 对象所组成的，所以其制作过程和制作主菜单的过程是一样的。

当我们设置好 ContextMenuStrip 后，就可以使用它了。在窗体上放置一个控件，例如放置一个 TextBox 控件，然后查找其 ContextMenuStrip 属性，在其下拉框中就可以看到我们刚才所添加的 contextMenuStrip1 对象了，如图 5-14 所示。

这样我们就可以将两个控件链接在一起了。运行程序即可看到我们制作的菜单替换了系统原来的菜单，如图 5-15 所示。

图 5-14　TextBox 控件的 ContextMenuStrip 属性　　　　图 5-15　上下文菜单

5.4　窗体互操作

一个完整的应用程序不可能只有一个窗体，而是由多个不同的窗体组合而成的，每个窗体负责一个简单的小模块，最终组合为一个完整应用程序。既然是多个窗体，那么就有窗体之间的互操作，常见的互操作有跳转、传参和返回。

5.4.1　跳　转

窗体间的跳转就是通过在一个窗体上执行一些操作来打开另外一个窗体。这个过程其实也不难，只需要以下两步：

(1) 通过 new 关键字创建新窗体的一个对象：

```
frmFilmManage fm = new frmFilmManage();
```

(2) 通过调用新窗体对象 Show()方法来打开新窗体，运行效果如图 5-16 所示。

```
fm.Show();
```

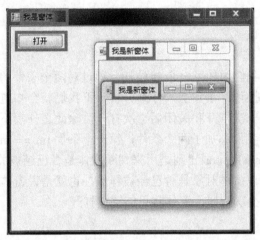

图 5-16　窗体跳转运行效果

当然这只是最简单的操作，通过这种方式所打开的窗体被称为非模式窗体，也就是说用户完全不理会这个新窗体而不会影响到用户的操作。如果需要用户必须对新窗体做出响应，我们可以采用 ShowDialog()方法：

```
fm. ShowDialog ();
```

采用这种方式打开的窗体称为模式窗体。模式窗体要求用户必须做出响应，在这个窗体未关闭之前用户是无法操作其他窗体的。

另一个比较有趣的地方是，当通过一个按钮来打开新窗体的时候，我们会发现反复点击按钮可以打开多个窗体，也就是同时创建多个新窗体对象，这不但让程序看起来很不友好，而且也会让用户变得很困惑。如何避免这种情况呢？

这个过程稍微有点复杂。首先我们必须将刚才的对象声明语句从按钮的 Click 事件处理程序中取出来，放置到类当中使对象窗体成为一个类成员变量：

```
public partial class frmFilmList : Form
{
    frmFilmManage fm = null;

    //其他代码
}
```

然后将按钮的 Click 事件处理程序做如下修改：

```
private void btnEdit_Click(object sender, EventArgs e)
{

    if ((fm == null) || (fm.IsDisposed))
```

```
        {
            fm = new frmFilmManage();
            fm.Show();
        }
        else
            fm.Show();
    }
```

在上面的代码中，我们增加了一个 if 结构，通过对两个条件的判断来决定是否需要对窗体对象进行实例化的操作。事实上，仔细分析一下我们就会知道只有在两种情况下窗体才需要进行实例化：第一次打开和关闭后再次打开，除此之外都不需要进行实例化操作。因此，在这个 if 结构中我们添加了两个条件，第一个条件 fm == null 判断窗体是否是第一次打开，第二个条件 fm.IsDisposed 则是用来判断窗体是否已经被关闭了。IsDisposed 是窗体的一个属性，用来标识窗体对象是否已经被释放，也就是说窗体是否关闭了。经过这样的改造后，不管点击多少次按钮，窗体就只能够被打开一次。

5.4.2 传参

窗体间另一个比较常见的互操作是传递参数(传参)，即将参数从一个窗体传递到另外一个窗体。一般来说传参的操作都是建立在跳转的基础之上的。

理论上说，要想从 A 窗体将数据传递到 B 窗体，那么 B 窗体首先必须要有公开的数据接口，也就是要有外部用户能够访问到的可赋值成员。对于窗体来说，那就意味着窗体类需要定义一些公有的成员以便于外部用户访问。一旦 B 窗体定义了这些公有的成员，那么 A 窗体就可以通过 B 窗体的对象来完成赋值操作，也就完成了数据的传递工作。

实际操作该如何完成呢？通过上面的分析我们可以看到，实际上问题的焦点在于 B 窗体类所定义的公有成员身上。类的公有成员有很多，一般常用的是属性、方法和构造三种方式。当然，不管采用哪种方式，都需要 B 窗体有一个字段来存放数据。

首先在 B 窗体中定义一个私有的字段用来存放数据：

```
public partial class frmFilmManage : Form
{
    //用户存放数据的私有字段
    private string filmName = null;

    //其他处理代码
}
```

接下来将这个字段公开出去，这样就能够用来接收数据了。我们可以采用属性：

```
public string FilmName
{
    get { return this.filmName; }
    set { filmName = value; }
}
```

也可以采用方法来公开它:

```
public void SetFilmName(string name)
{
    filmName = name;
}
```

还可以采用构造来完成这个工作:

```
public frmFilmManage(string name)
{
    InitializeComponent();
    filmName = name;
}
```

这里需要注意一点，在使用构造的时候最好将给字段赋值的语句写在 InitializeComponent()方法的后面，因为这个方法是用来初始化窗体成员对象的，如果写在这个方法的前面，有可能会出现找不到对象的情况。

完成了这些工作之后，我们就可以通过 A 窗体来完成传参工作了:

```
//构造传参
frmFilmManage fm = new frmFilmManage("那些年，我们一起追过的女孩");

//属性传参
fm.FilmName = "那些年，我们一起追过的女孩";

//方法传参
fm.SetFilmName("那些年，我们一起追过的女孩");

fm.Show();
```

上面我们将三种实现方式放在了一起，究竟要采用哪种方式要根据实际情况来定。

5.4.3　返回

传参是将数据从 A 窗体传递到 B 窗体，返回则是将数据从 B 窗体传递回 A 窗体。这个过程实际上和传参很相似，实现思路基本上是一样的。我们依然需要在 B 窗体中定义一个字段，只不过现在为这个字段赋值的工作需要在 B 窗体中完成，然后通过公有成员公开字段的值，这样 A 窗体就可以读取到字段的值了。

首先在 B 窗体中定义一个字段:

```
public partial class frmFilmManage : Form
{
    //用户存放数据的私有字段
    private string filmName = null;

    //其他处理代码
```

```
}
```

然后在程序中为该字段赋值：

```
private void btnSave_Click(object sender, EventArgs e)
{
    filmName = "那些年，我们一起追过的女孩";
}
```

接下来采用属性或方法将字段公开出去：

```
//属性
public string FilmName
{
    get { return this.filmName; }
    set { filmName = value; }
}

//方法
public string GetFilmName()
{
    return filmName;
}
```

最后，在 A 窗体中完成取值操作：

```
frmFilmManage fm = new frmFilmManage();
fm.ShowDialog();

//方法返回
txtName.Text = fm.GetFilmName();

//属性返回
txtName.Text = fm.FilmName;
```

在上面的代码中，比较突出的是我们在打开窗体时采用了 ShowDialog()方法，这是为什么呢？我们知道 ShowDialog()方法打开的是一个模式窗体，也就是用户必须做出响应的窗体，正因为这样，所以当程序执行到这里的时候就会"停"下来，等待用户的响应，也就是说这个时候如果用户不做出响应那么后面的代码是不会执行的。这样，用户就有时间为字段赋值，后面的取值操作才能够成立。如果采用 Show()方法，程序就不会"停"下来，用户还没来得及为字段赋值，后面的取值操作就执行了，自然就不可能取到值了。

5.5 用户自定义选项

通过上面的学习，我们已经掌握了窗体之间的互操作了，但是过程是分解开的，接下来我们还是通过一个简单的小程序来将整个过程整合在一起。

5.5.1　问题

为了推广音像店，我们需要制作一套会员系统。在会员注册的过程中，需要会员选择自己的兴趣爱好，问题是我们很难将所有的爱好都列出来，所以需要将这个部分设计成动态的，即系统提供一些常见的信息，用户可以选择也可以根据自己的需要自定义选项内容，其运行效果如图 5-17 所示。

　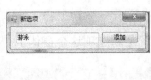　

　　　　添加前　　　　　　　　　　　　　　　　　　　　　　　　　　　　添加后

图 5-17　用户自定义选项

具体需求如下：

(1) 两个窗体都不能更改大小，并且不能最大化和最小化。

(2) 点击注册窗体的➕打开新选项窗体。

(3) 在新选项窗体中输入新的选项内容，添加后关闭该窗体。

(4) 点击注册窗体的🔄重置选项内容。

5.5.2　需求分析

因为本节要解决的问题主要集中在 ListBox 控件和窗体互操作上，所以我们暂时忽略其他控件的设置和使用。ListBox 控件的设置是非常简单的，首先它应该包含吃饭、逛街、看电影、看书和购物这几个选择项，其次它的 SelectionMode 应该设置为 MultiSimple 方式。

在点击➕时，即可完成窗体的跳转和返回选项的添加工作：

```
private void picAdd_Click(object sender, EventArgs e)
{
    frmAddItem ai = new frmAddItem();
    ai.ShowDialog();
    lstBohhy.Items.Add(ai.NewItem);
}
```

在这里我们采用 NewItem 属性实现了值的传递。

对于新选项窗体，我们首先应该声明一个属性，用来将文本框的值回传：

```
public string NewItem
{
    get { return txtItem.Text; }
```

```
        set { txtItem.Text = value; }
    }
```

我们在这个属性的定义上采用了更简便的方式，没有像上面讲解的那样定义一个全局变量，而是直接将文本框的 Text 属性值作为了操作对象。

接下来就是"添加"按钮了，当用户点击这个按钮的时候要关闭新选项这个窗体：

```
    private void btnAdd_Click(object sender, EventArgs e)
    {
        this.Close();
    }
```

这个过程并不复杂，直接调用窗体的 Close()方法就可以关闭窗体。this 关键字用来代表当前对象，在程序中自然指的就是新选项这个窗体了。

5.6　总结

本章主要由三个部分组成。第一部分主要介绍了 WinForm 中常用的三种类型的控件，即输入控件、选择控件和列表控件；第二部分主要介绍了主菜单和上下文菜单；第三部分主要介绍了窗体间的互操作。

本章的内容虽然比较多，但是整体难度不大，需要我们重点掌握的是列表控件的使用以及窗体间的互操作，这些都是学习后续内容的基础。

5.7　上机部分

5.7.1　本次上机总目标

(1) 掌握基本控件的使用；
(2) 掌握菜单的使用；
(3) 掌握窗体间的互操作。

5.7.2　上机阶段一(50 分钟内完成)

1. 上机目的

(1) 掌握基本控件的使用；
(2) 掌握菜单的使用；
(3) 掌握窗体间的互操作。

2. 上机要求

某餐厅随着业务的扩展，需要制作一套点餐系统，通过这个系统，顾客可以自主选择各种主餐、饮品、甜点等。现在需要我们制作一个简单的测试程序，整个程序的运行效果如图 5-18 所示。

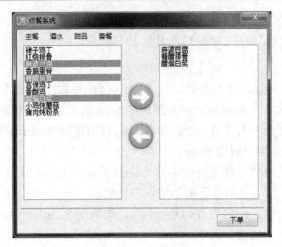

图 5-18　点餐系统

具体要求如下：

(1) 窗体无法最大化和最小化，也无法改变大小。

(2) 菜单组成结构如表 5-2 所示，每个菜单项下面的具体菜式可以自由决定。

表 5-2　菜 单 结 构

主菜单	子菜单	说　明
主餐	中餐	中餐菜式
	西餐	西餐菜式
酒水	红酒	各种红酒
	饮料	各种饮料
	汤	汤品
甜品	冰激凌	各种冰激凌
	点心	点心
	小食	各种小食
套餐	商务套餐	商务套餐
	情侣套餐	情侣套餐

(3) 在左侧的 ListBox 控件中选择需要的菜式，点击 ⬤ 后将其添加到右侧的 ListBox 控件中。

(4) 在右侧的 ListBox 控件中选择菜式，点击 ⬤ 后将其从右侧 ListBox 控件中删除。

(5) 点击 "下单" 按钮后打开如图 5-19 所示的窗体，显示订单信息。

图 5-19　订单信息

(6) 订单信息窗体无法最大化和最小化，也无法改变大小，点击"确定"按钮后关闭该窗体，并将点餐系统窗体中右侧的 ListBox 控件清空。

3．实现步骤

(1) 打开 VS2010 开发环境，创建一个 Windows 应用程序，项目名称为 LabCH06。

(2) 将默认窗体改名为 frmOrder，并按照图 5-18 所示制作点餐系统界面。

(3) 在项目中添加一个类文件，命名为 Goods，在类中添加 string 类型的属性 Title、Desc 和 Type，以及 Decimal 类型属性 Price。

(4) 在点餐系统的窗体加载事件中创建 Goods 数组，并添加所有的菜式。

(5) 按要求实现 、 和"下单"按钮的功能。

(6) 添加一个新窗体，命名为 frmOrderInfo，按照图 5-19 所示制作订单信息窗体。

(7) 按要求实现窗体功能。

(8) 运行查看效果。

5.7.3　上机阶段二(30 分钟内完成)

1．上机目的

掌握基本控件的使用。

2．上机要求

在第 1 章上机阶段一中，我们绘制了计算器的界面，但是没有实现功能，本阶段我们来实现其功能。

3．实现步骤

(1) 在窗体类中声明一个 double 类型的全局变量用来保存第一个数字，声明 string 类型的变量用来保存操作符。

(2) 实现数字键：当文本框内无内容或只有一个 0 时，直接将其 Text 属性赋值为相应的数字，否则将相应的数字添加到 Text 属性末尾。

(3) 实现"."键：如果文本框内无内容或只有一个 0，则 Text 属性赋值为"0."；如果文本框内有内容且不包含"."，则将其添加到 Text 属性的末尾；其他情况则不做操作。

(4) 实现操作符键：如果文本框内有内容，则将其取出并转换为 double 类型后存放在全局变量中，将操作类型也存放在全局变量中；否则不做操作。

(5) 实现"="键：如果文本框内有内容，则将其取出并转换为 double 类型后存放在一个变量中，根据全局操作符变量存放的操作类型完成相关的运算，并将结果放置在另外的文本框中；否则不做操作。

(6) 注意除法运算除数不能为零。

(7) 运行查看效果。

5.7.4　上机阶段三(20 分钟内完成)

1．上机目的

掌握菜单的使用。

2. 上机要求

某网上书店可以提供一些图书的部分内容或内容简介供用户下载预览，现在需要我们制作一个简单的记事本，在此只需要实现界面制作，其运行效果如图 5-20 所示。

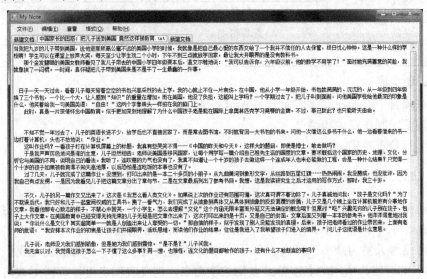

图 5-20　记事本

具体要求如下：

(1) 窗体为普通窗体。

(2) 窗体菜单结构如表 5-3 所示，不需要实现功能。

表 5-3　记事本菜单

主菜单	子菜单	说　明
文件	新建	建立新文件
	打开	打开现有的文件
	保存	保存文件
	另存为	将文件另存为其他文件
	关闭	关闭正在查看的文件
	退出	退出系统
编辑	剪切	将选中的内容剪切
	复制	将选中的内容复制
	粘贴	将内容粘贴到文件中
	撤销	撤销操作
	全选	选中文件的全部内容
查看	ANSI	以 ANSI 格式查看文件
	UTF-8	以 UTF-8 格式查看文件
	Unicode	以 Unicode 格式查看文件
	Unicode big endian	以 Unicode big endian 格式查看文件

续表

主菜单	子菜单	说　明
格式	字体	设置文件的字体
	颜色	设置文件的字体颜色
帮助	查看帮助	查看帮助文件
	关于	打开关于窗体

3．实现步骤

(1) 在项目中添加新窗体，命名为 frmMyNote。

(2) 按要求制作窗体和菜单。

(3) 运行查看效果。

5.7.5　上机作业

(1) 试编写一个小程序，让用户在文本框中输入字符串，然后将用户输入的字符串添加到 ListBox 中并实现排序。(注：使用 ListBox 的 Sorted 属性。)

(2) 网络聊天室为众多的网友提供了一个在线交流的平台，一般来说当我们进入某个聊天室聊天的时候，所用的名字都是我们的注册名，但是我们也可以临时更改这个名字。现在需要我们制作这样一个改名字的测试程序，主界面如图 5-21 所示。

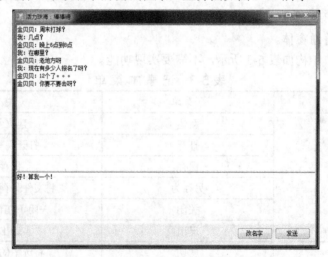

图 5-21　主界面

当点击"改名字"按钮时，打开"修改名称"窗体，如图 5-22 所示。

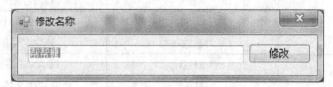

图 5-22　改名字

用户输入新的名称后点击"修改"按钮将回到主界面，并修改窗体标题上的用户名，如图 5-23 所示。

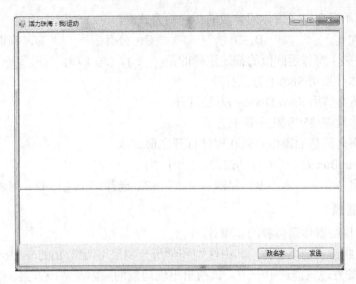

图 5-23　修改后的主界面

习题

一、选择题

1. 如果要实现一个只能输入 8 位的密码框,则需要设置 TextBox 控件的(　　)属性。(选 2 项)

A．Name　　　　　B．Text　　　　　C．MaxLength　　　　　D．PasswordChar

2. 在 WinForm 中能够实现多行文本输入的控件是(　　)。(选 2 项)

A．TextBox　　　　B．Label　　　　C．RichTextBox　　　　D．Button

3. 某用户需要实现类似于 Word 中的粗体、斜体和下划线工具栏的按钮效果,即点击后按钮处于选中状态,再次点击后取消选中状态,则他可以采用(　　)控件实现。(选 1 项)

A．Button　　　　B．CheckBoc　　　C．Radiobutton　　　D．Label

4. 以下不是 ComboBox 控件的 DropDownStyle 取值的是(　　)。(选 1 项)

A．Simple　　　　B．DropDown　　　C．MultiLine　　　D．DropDownList

5. 以下不是 ListBox 控件的 SelectionMode 属性的取值的是(　　)。(选 1 项)

A．MultiExtended　　B．None　　　　C．Single　　　D．MultiSimple

6. 在 WinForm 中,菜单有(　　)和(　　)。(选 2 项)

A．右键菜单　　　　B．主菜单　　　C．系统菜单　　　D．上下文菜单

7. 在 WinForm 中,下面关于窗体打开的描述正确的是(　　)。(选 2 项)

A．Show()方法打开的是模式窗体

B．Show()方法打开的是非模式窗体

C．ShowDialog()方法打开的是模式窗体

D．ShowDialog()方法打开的是非模式窗体

8. 以下不适合完成窗体间参数的传递的方式是(　　)。(选 1 项)

A．属性　　　　　　　　B．方法　　　　　　　C．公有字段　　　　D．构造

9. 以下关于窗体返回值的描述正确的是(　　)。(选 1 项)

A．窗体必须用 Show()方法打开

B．窗体必须用 ShowDialog()方法打开

C．窗体只需要实例化不需要打开

D．取得返回值的操作必须在窗体打开之前完成

10. GroupBox 是一个(　　)控件。(选 1 项)

A．分组　　　　　　　　B．容器　　　　　　　C．选择　　　　　　　D．列表

二、简答题

1. 简要说明窗体间传参的步骤。

2. 小菜制作了一个窗体，其中性别和学历分别采用两组 Radiobutton 控件，但是实际操作过程中却发现只能选中一个。试指出出现问题的原因及解决方案。

3. 小菜想为窗体的文本框设置自定义右键菜单，试简要告诉他制作步骤。

三、代码题

1. 写出窗体间跳转、传参和返回的核心代码。

2. 写出列表控件添加选项、获取选择项和删除选择项的核心代码。

第 6 章　WinForm 基础(三)

在 WinForm 中还有另外一种类型的控件，它们运行的时候都是不可见的，其操作方式也大同小异，它们能够让我们的程序更加人性化，这就是对话框控件。本章我们将着重介绍 WinForm 中的几个常用的对话框控件。

本章的基本要求如下：

(1) 熟练掌握消息框；

(2) 熟练掌握对话框；

(3) 掌握文件操作；

(4) 掌握文件夹操作。

6.1　消息框

在 Windows 应用程序中，我们经常需要和用户进行一些简单的交流，例如删除前的确认工作等，这些交流的过程一般来说涉及的信息量都不是很大，操作也不复杂，对于这种类型的操作我们就不需要再单独制作窗体了，可以直接使用系统提供的消息框。图 6-1 就是一个典型的系统对话框。

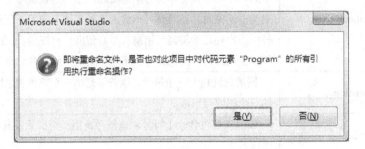

图 6-1　系统对话框

6.1.1　语法结构

MessageBox 类是系统定制好的消息框类，它在使用的时候是不用实例化的，直接调用其 Show()方法就可以了，其最常用的语法结构如下：

MessageBox.Show(string text[string caption,MessageBoxButtons buttons,MessageBoxIcon icon]);

我们可以看到这个方法带有 4 个参数，这些参数的作用是：

● text：必选参数，string 类型，要在消息框上呈现的文本。

● caption：可选参数，string 类型，要在消息框的标题栏中显示的文本。

● buttons：可选参数，MessageBoxButtons 类型，MessageBoxButtons 值之一，指定在消息框中显示哪些按钮。表 6-1 列出了 MessageBoxButtons 的可取值及其描述。

表 6-1　MessageBoxButtons 的可取值

可　取　值	说　明
OK	消息框包含"确定"按钮
OKCancel	消息框包含"确定"和"取消"按钮
AbortRetryIgnore	消息框包含"终止"、"重试"和"忽略"按钮
YesNoCancel	消息框包含"是"、"否"和"取消"按钮
YesNo	消息框包含"是"和"否"按钮
RetryCancel	消息框包含"重试"和"取消"按钮
OK	消息框包含"确定"按钮
OKCancel	消息框包含"确定"和"取消"按钮

● icon：可选参数，MessageBoxIcon 类型，MessageBoxIcon 值之一，指定在消息框中显示哪个图标。表 6-2 列出了 MessageBoxIcon 可取值及其描述。

表 6-2　MessageBoxIcon 的可取值

可　取　值	说　明
None	消息框未包含符号
Hand	该消息框包含一个符号，该符号是由一个红色背景的圆圈及其中的白色 X 组成的
Question	该消息框包含一个符号，该符号是由一个圆圈和其中的一个问号组成的。不再建议使用问号消息图标，原因是该图标无法清楚地表示特定类型的消息，并且问号形式的消息表述可应用于任何消息类型。此外，用户还可能将问号消息符号与帮助信息混淆。因此，不要在消息框中使用此问号消息符号。系统继续支持此符号只是为了向后兼容
Exclamation	该消息框包含一个符号，该符号是由一个黄色背景的三角形及其中的一个感叹号组成的
Asterisk	该消息框包含一个符号，该符号是由一个圆圈及其中的小写字母 i 组成的
Stop	该消息框包含一个符号，该符号是由一个红色背景的圆圈及其中的白色 X 组成的
Error	该消息框包含一个符号，该符号是由一个红色背景的圆圈及其中的白色 X 组成的
Warning	该消息框包含一个符号，该符号是由一个黄色背景的三角形及其中的一个感叹号组成的
Information	该消息框包含一个符号，该符号是由一个圆圈及其中的小写字母 i 组成的

Show()方法的返回是 DialogResult 类型的，其值是 DialogResult 的值之一，用来确定用户的选择结果。表 6-3 列出了 DialogResult 的可取值及其描述。

表 6-3　DialogResult 的可取值

可 取 值	说 明
None	从对话框返回了 Nothing。这表明有模式对话框在继续运行
OK	对话框的返回值是 OK(通常从标签为"确定"的按钮发送)
Cancel	对话框的返回值是 Cancel(通常从标签为"取消"的按钮发送)
Abort	对话框的返回值是 Abort(通常从标签为"终止"的按钮发送)
Retry	对话框的返回值是 Retry(通常从标签为"重试"的按钮发送)
Ignore	对话框的返回值是 Ignore(通常从标签为"忽略"的按钮发送)
Yes	对话框的返回值是 Yes(通常从标签为"是"的按钮发送)
No	对话框的返回值是 No(通常从标签为"否"的按钮发送)

6.1.2　使用

消息框看起来比较复杂，但是使用起来却非常简单，在最简单的情况下，我们甚至可以只给出一个参数来使用它：

MessageBox.Show("Hello C#!");

当然，这样的消息框是很简陋的，内容只是我们所给出的文本，没有标题和图标，所以看起来很不专业，而且只有一个"确定"按钮，如图 6-2 所示。

这么简单的消息框不要说用户，就是开发人员都不会满意，所以我们要给出更多的参数以制作更加专业的消息框：

MessageBox.Show("Hello C#!","系统消息",MessageBoxButtons.OK,MessageBoxIcon.Information);

这一次我们给出了 Show()方法完整的四个参数，除了第一个参数没有变化外，我们还添加了"系统消息"作为消息框的标题，按钮指定采用"OK"，也就是"确定"按钮，图标则采用"Information"，其运行效果如图 6-3 所示。

图 6-2　简单的消息框

图 6-3　消息框

这样的消息框看起来就专业多了，但是它还是无法实现和用户的交互操作，因此我们还需要对消息框进行更进一步的改进，这个时候改进的重点就放在了 Show()方法的后两个参数了：

if (MessageBox.Show("删除选中的电影？", "系统消息", MessageBoxButtons.YesNo,

MessageBoxIcon.Question) == DialogResult.Yes)

```
    {
        //执行删除操作
    }
```

和上面的代码相比，我们只是做了简单的调整，按钮由原来的"OK"变成了"YesNo"，这样消息框中就出现了两个按钮，图标也从"Information"变成了"Question"。既然是两个按钮，那就会有两种反馈结果，因此我们通过一个 if 结构对消息框的返回进行判断，使用的是 DialogResult，如果其值为"Yes"，则说明用户点击了"是(Y)"按钮，其运行效果如图 6-4 所示。

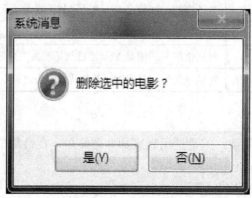

图 6-4　复杂的消息框

除了这些用法之外，消息框还有多种不同的形式，但是所有的形式都是通过变换 Show() 方法的 MessageBoxButtons 参数和 MessageBoxIcon 参数来实现的，而用户的反馈则全都是通过 DialogResult 的取值来得到的。限于篇幅我们在这里不做过多的演示，读者可以自行组合它们以查看效果。

6.2　对话框

对话框是 WinForm 中另外一种交互控件，它们常用的有 5 个，分别是：OpenFileDialog、SaveFileDialog、ColorDialog、FontDialog 和 FolderBrowserDialog。这 5 个控件具有相似的操作、方法和属性，它们的作用就是通过对话框的方式来实现和用户的交互。

6.2.1　OpenFileDialog

OpenFileDialog 控件的作用是提示用户打开文件，其常用的属性有：
● FileName：获取或设置用户通过文件对话框所选定的文件名的字符串。
● FileNames：获取对话框中所有选定文件的文件名。
● Filter：获取或设置当前文件名筛选器字符串，其书写格式为：筛选器名称|筛选器。
● Multiselect：指示对话框是否允许选择多个文件。
常用的方法只有 ShowDialog()这一个，即打开对话框的方法，不过在使用的时候我们都会先设置文件筛选器：

```
openFileDialog1.Filter = "文本文件(*.txt)|*.txt";
openFileDialog1.ShowDialog();
string file = openFileDialog1.FileName;
```

在上面的代码中，我们首先设定了文件筛选器为只能够看到 txt 类型的文件，然后打开对话框，用户选择文件后将其放到一个 string 类型的变量中，其运行效果如图 6-5 所示。

图 6-5　OpenFileDialog 对话框

我们发现，在上面的对话框中尽管文件夹下有很多文件，但是只有文本文件才能够通过筛选器并显示出来，并且默认情况下我们只能够选择一个文件，如果需要选择多个文件，可以将 Multiselect 属性设置为 True。

另一个经常碰到的问题是筛选器，如果要筛选多种类型的文件该怎么办？例如，我们用一个对话框要求用户打开图片，可是图片可以是 BMP 类型，也可以是 JPEG 或别的类型，这时筛选器就可以写成这样：

```
openFileDialog1.Filter = "图片(*.bmp;*.jpg;*.png)|*.bmp;*.jpg;*.png";
```

这样的筛选器就可以同时筛选多种类型的文件。我们甚至可以将筛选器写成这样的：

```
openFileDialog1.Filter = "图片(BMP/JPG/PNG)|*.bmp;*.jpg;*.png|文本文件
                        (TXT/RTF/DOC)|*.txt;*.rtf;*.doc|所有文件|*.*";
```

我们可以看到，通过一个"|"符号，我们可以同时设置多个筛选器，运行的时候系统会自动将这些筛选器进行分割，如图 6-6 所示。

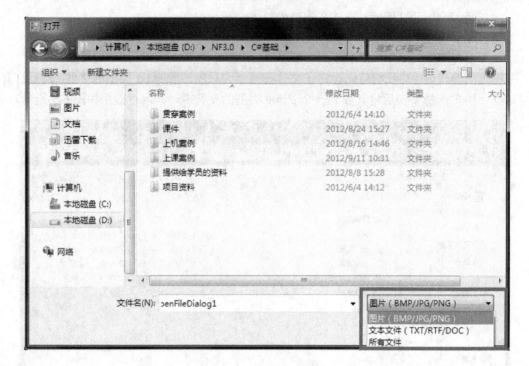

图 6-6　多个筛选器

6.2.2　SaveFileDialog

SaveFileDialog 控件和 OpenFileDialog 控件很相似，常用的属性和方法也都一样，区别在于 SaveFileDialog 控件多了两个属性：

● CreatePrompt：获取或设置一个值，该值指示如果用户指定不存在的文件，对话框是否提示用户允许创建该文件。

● OverwritePrompt：获取或设置一个值，该值指示如果用户指定的文件名已存在，对话框是否显示警告。

由于 SaveFileDialog 和 OpenFileDialog 对话框的使用方式是一样的，因此这里我们不再对其做过多的讨论。

6.2.3　ColorDialog

ColorDialog 对话框的作用是让用户通过它来选择一个颜色或者允许用户定义自定义颜色。该对话框的常用属性有：

● AllowFullOpen：指示用户是否可以使用该对话框定义自定义颜色。

● Color：获取或设置用户选定的颜色。

● FullOpen：指示用于创建自定义颜色的控件在对话框打开时是否可见。

打开 ColorDialog 对话框也是使用 ShowDialog()方法：

    colorDialog1.ShowDialog();

根据属性设置的差别，对话框打开后的样式也有所区别，如图 6-7 所示。

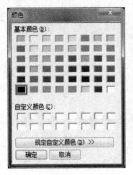  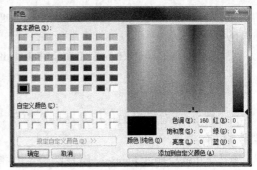

(a) 默认样式　　　　　(b) AllowFullOpen=False　　　　　(c) FullOpen=True

图 6-7　不同样式的 ColorDialog 对话框

无论采用哪种样式，ColorDialog 对话框返回的都是一个 Color 对象：

Color col = colorDialog1.Color;

6.2.4　FolderBrowserDialog

用户在实际的使用过程中，除了会选择文件之外，也可能需要选择一个文件夹，这个时候我们就需要 FolderBrowserDialog 对话框了，它的作用是提供一种方法，让用户可以浏览、创建并最终选择一个文件夹。需要注意的是，该对话框只允许用户选择文件夹而非文件。文件夹的浏览通过树控件完成，通过这个对话框我们可以选择文件系统中的文件夹，但是不能选择虚拟文件夹。

FolderBrowserDialog 对话框常用的属性有：

- Description：获取或设置对话框中在树视图控件上显示的说明文本。
- RootFolder：获取或设置从其开始浏览的起始文件夹。
- SelectedPath：获取或设置用户选定的路径。
- ShowNewFolderButton：指示是否在文件夹浏览对话框中显示"新建文件夹"按钮。

打开 FolderBrowserDialog 对话框也是使用 ShowDialog()方法：

folderBrowserDialog1.ShowDialog();

根据属性设置的差别，对话框打开后的样式也有所区别，如图 6-8 所示。

(a) 默认样式　　　　(b) ShowNewFolderButton=False　　　(c) RootFolder=ApplicationData

图 6-8　FolderBrowserDialog 对话框

不管采用哪种样式，FolderBrowserDialog 对话框返回的都是一个包含用户所选择的文件夹的字符串：

```
string path = folderBrowserDialog1.SelectedPath;
```

6.2.5　FontDialog

FontDialog 对话框的作用是帮助用户从本地计算机上安装的字体中选择一种字体，其常用属性有：

- AllowScriptChange：用户能否更改指定的字符集。
- AllowSimulations：指示对话框是否允许更改字体模拟。
- Font：获取或设置选定的字体。
- ShowApply：对话框是否包含"应用"按钮。
- ShowColor：对话框是否显示颜色选择。
- ShowEffects：对话框是否包含允许用户指定删除线、下划线和文本颜色选项的控件。

FontDialog 对话框的打开方法也是 ShowDialog()：

```
fontDialog1.ShowDialog();
```

根据属性设置的差别，对话框打开后的样式也有所区别，如图 6-9 所示。

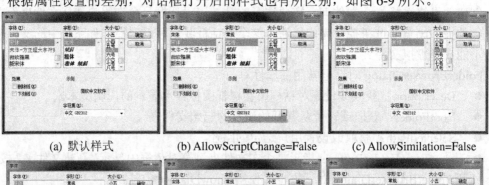

(a) 默认样式　　　　　　(b) AllowScriptChange=False　　　　(c) AllowSimilation=False

(d) ShowApply=True　　　　(e) ShowColor=True　　　　(f) ShowEffects=False

图 6-9　FontDialog 对话框

不管采用哪种样式，FontDialog 对话框都返回一个 Font 对象：

```
textBox1.Font = fontDialog1.Font;
```

6.3　图片浏览器

下面通过几个简单的小程序来学习对话框的使用。

6.3.1　问题

首先我们制作一个简单的图片浏览器，其运行效果如图 6-10 所示。

图 6-10　图片浏览器

整个应用程序只有一个简单的窗体，操作是由一个右键弹出菜单和两个图片组成的，具体要求如下：

(1) 窗体加载的时候不显示任何图片，同时"上一张"和"下一张"按钮不可用。

(2) 在窗体上右键单击弹出菜单，菜单包括"打开图片"、"打开文件夹"、"图片另存为"和"退出"。

点击"打开图片"菜单，打开一个对话框让用户选择一张 JPG 图片并显示，"上一张"和"下一张"按钮不可用，如图 6-11 所示。

图 6-11　打开一张图片

图 6-12　打开一个文件夹

（3）点击"打开文件夹"菜单，打开一个对话框让用户选择一个文件夹，并显示该文件夹下的第一张图片，"上一张"和"下一张"按钮变为可用，如图 6-12 所示。

（4）点击"图片另存为"菜单，打开一个对话框让用户选择另存为图片的路径和名称。

（5）点击"退出"菜单，关闭窗体并退出系统。

6.3.2　需求分析

图片浏览器中的大部分功能所使用到的技能点我们在前面的章节中都已经学习到了，接下来我们将从三个方面进行深入的分析。

1. 窗体制作

本次我们制作的小程序所包含的控件并不多，表 6-4 中列出了所有的控件及其属性设置。

表 6-4　窗体及控件设置

界面元素	类　型	属 性 设 置
窗体	Form	Name：frmPicViewer StartPosition：CenterScreen Text：图片浏览器
图片显示	PictureBox	Name：picView Dock：Fill SizeMode：Zoom
上一张	PictureBox	Name：picPrev Anchor：None SizeMode：Zoom
显示数量	Label	Name：lblMsg

续表

界面元素	类 型	属 性 设 置
下一张	PictureBox	Name：picNext Anchor：None SizeMode：Zoom
分割线	Splitter	Dock：Bottom Enabled：False
打开图片	OpenFileDialog	Name：dlgOpenFile Filter：图片(*.jpg)|*.jpg
打开文件夹	FolderBrowserDialog	Name：dlgOpenFolder
另存图片	SaveFileDialog	Name：dlgSaveFile Filter：图片(*.jpg)|*.jpg
右键菜单-打开图片	ToolStripMenuItem	Name：mnuOpenFile Text：打开图片
右键菜单-打开文件夹	ToolStripMenuItem	Name：mnuOpenFolder Text：打开文件夹
右键菜单-图片另存为	ToolStripMenuItem	Name：mnuSaveAs Text：图片另存为
右键菜单-退出	ToolStripMenuItem	Name：mnuExit Text：退出

这些控件和属性大部分我们在前面的章节中都学习过，这里需要注意的是 Dock 和 Anchor 属性以及 Splitter 控件。

Dock 和 Anchor 属性都是用来控制控件的布局的，WinForm 中几乎所有的控件都具有这两个属性。具体来说，我们在制作窗体的时候都会遇到这样的问题：一旦用户更改了窗体的大小，我们原来设计好的窗体就会变得面目全非。其原因就在于控件在窗体上定位的时候是以其左顶点的坐标为基准的，因此控件默认情况下和窗体的左边和顶端的距离保持不变，当窗体的大小发生变化时，自然就会破坏布局。

解决方法是合理地使用控件的 Dock 属性和 Anchor 属性。Dock 属性用来设定控件的停靠方式。所谓停靠，就是指定控件与其父控件的哪条边对齐，同时在调整控件的父控件大小时自动调整控件的大小。例如，将 Dock 设置为 DockStyle.Left 将导致控件与其父控件的左边缘对齐，并在父控件调整大小时调整自身大小，如图 6-13 所示。

图 6-13　Dock 属性

Anchor 属性则是将控件绑定到容器的边缘并确定控件随其父控件一起调整大小。使用 Anchor 属性可以定义在调整控件的父控件大小时如何自动调整控件的大小。将控件锚定到其父控件后，可确保当调整父控件的大小时锚定的边缘与父控件的边缘的相对位置保持不变，如图 6-14 所示。

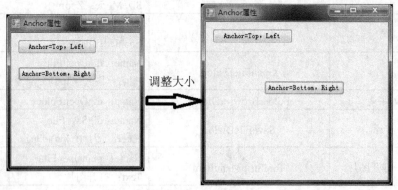

图 6-14　Anchor 属性

需要注意的是，Anchor 和 Dock 属性是互相排斥的，即每次只可以设置其中的一个属性，最后设置的属性优先。

另外一个需要注意的是 Splitter 控件，它是一个界面的拆分器，允许用户调整停靠控件的大小。Splitter 控件使用户可以在运行时调整停靠到 Splitter 控件边缘的控件的大小。当我们将鼠标指针移到 Splitter 控件上时，光标将更改以指示可以调整停靠到 Splitter 控件的那些控件的大小。

在使用 Splitter 控件时，我们首先需要将希望能够调整大小的控件停靠到一个容器的边缘，然后将拆分器停靠到该容器的同一侧。当然我们不是为了调整图片的大小，而是为了让图片能够随着窗体一起改变，因此要将 Splitter 控件的 Enabled 属性设定为 False。

2．多图片读取与查看

在图片浏览器中，有一个功能比较复杂，即"打开文件夹"功能，它需要我们将用户所选择的文件夹下的所有*.jpg 类型的文件都找出来，并且能够循环查看。这里的难点有两个：如何查找文件夹下的图片文件和如何循环查看图片。

查看某个文件夹下指定类型的文件，我们可以使用位于 System.IO 名称空间下的 Directory 类，它提供了一个静态方法 GetFiles()可以帮助我们在指定的文件夹下查找文件，其语法结构如下：

```
public static string[] GetFiles(string path[,string searchPattern,
                SearchOption searchOption])
```

该方法是一个静态方法，因此在使用的时候不需要对象，直接通过 Directory 类调用，它带有三个参数：

- Path：string 类型，所要操作的文件夹。
- searchPattern：string 类型可选参数，文件筛选器。
- SearchOption：SearchOption 类型可选参数，指定搜索时是否包含子目录。

该方法返回一个字符串类型的数组，也就是所有符合条件的文件的路径。在图片浏览

器中，我们可以通过对话框让用户选择路径，然后使用该方法来完成对所有图片文件的
搜索：

```
folderBrowserDialog1.ShowDialog();
string path = folderBrowserDialog1.SelectedPath;

if (!string.IsNullOrEmpty(path))
{
    string[] files = Directory.GetFiles(path, "*.jpg");
}
```

在上面的代码中，我们首先通过 ShowDialog()方法打开了一个 FolderBrowserDialog 对
话框，然后通过一个字符串变量来取得用户所选择的路径。当然，用户可能选择了一个路
径，也可能没有选择，因此接下来我们通过一个 if 结构来进行判断，判断的方式就是通过
string 类所提供的静态方法 IsNullOrEmpty()，这个方法可以判断指定的字符串是否为空。
如果通过了验证，则在接下来的代码中通过 GetFiles()方法来读取文件信息，这里我们所采
用的筛选条件是所有的 jpg 文件。

这里我们需要格外注意 searchPattern 这个参数。首先，它可以使用"*"和"？"通配
说明符，前者通配零个或多个字符，后者通配零个或一个字符。例如，searchPattern 字符串
"*t"搜索 path 中所有以字母"t"结尾的名称，searchPattern 字符串"s*"搜索 path 中所
有以字母"s"开头的名称。

另外，在 searchPattern 中使用星号通配符(如"*.txt")时，扩展名长度正好为三个字符
时的匹配行为与扩展名长度多余或少于三个字符时的匹配行为有所不同。文件扩展名正好
是三个字符的 searchPattern 将返回扩展名为三个或更多字符的文件，其中前三个字符与
searchPattern 中指定的文件扩展名匹配。文件扩展名为一个、两个或三个以上字符的
searchPattern 仅返回扩展名长度正好与 searchPattern 中指定的文件扩展名匹配的文件。使用
问号通配符字符时，则仅返回与指定文件扩展名匹配的文件。例如，假设目录下有两个文
件"file1.txt"和"file1.txtother"，使用"file?.txt"搜索模式时只返回第一个文件，而使用
"file*.txt"搜索模式时会同时返回这两个文件。

接下来我们就需要将图片展示出来了，这个过程我们在前面已经学习过了，通过 Image
类的 FromFile()方法即可实现：

```
picShowPic.Image = Image.FromFile(path);
```

问题的焦点就在于该方法的参数上，它需要一个 string 类型的参数，将文件的路径传
递进来，而我们通过上面的 GetFiles()方法获得的是一个包含很多文件路径的字符串数组，
于是很自然地我们就想到了通过下标来提取数组中的指定路径并显示：

```
picShowPic.Image = Image.FromFile(files[index]);
```

通过变换 index 的值，我们就可以随意提取数组中的某一个文件来显示。

3．图片另存

图片的转存是我们这个小程序中最难的一部分，其最理想的实现方式就是采用文件流
的方式，即将一个图片文件读入到内存中的一个文件流对象中，再将这个文件流对象写入

到另一个图片文件中，但是这已经大大超出了本章所学习的内容，因此我们需要采用文件拷贝的方式来实现。

事实上，文件拷贝的实现过程也不难理解，就是将源文件通过相应的方法拷贝到用户指定的新路径中，从而实现另存为的功能。这里我们就要用到 System.IO 名称空间下的 File 类了，这个类是用来进行文件操作的，在它的众多方法中有一个 Copy()方法可以用来进行文件拷贝，其语法如下：

```
public static void Copy(string sourceFileName,string destFileName[,bool overwrite])
```

该方法也是一个静态方法，并且带有三个参数：

- sourceFileName：string 类型，要复制的源文件。
- destFileName：string 类型，目标文件。
- overwrite：bool 类型可选参数，是否允许覆盖目标文件。

仔细观察这个方法我们就会发现，现在问题的焦点集中在两个路径上了，也就是源文件路径和目标文件路径。对于目标文件路径我们通过一个 SaveFileDialog 对话框就可以很容易地取得，但是源文件的路径该如何取得呢？

其实在前面显示图片环节我们已接触过图片的路径，也就是说我们在前面的操作中已经取得了源文件的路径，只不过我们将其显示出来后就没再继续使用这个路径了，现在我们只需要将其用于这里即可。当然这需要几个步骤，首先需要将其保存起来，方式有很多种，这里我们采用 PictureBox 控件 Tag 属性：

```
pictureBox1.Tag = files[index];
```

Tag 属性主要是用来存放用户自定义的数据，这里刚好用来存放图片的路径。接下来我们还要将其取出来：

```
string source = pictureBox1.Tag.ToString();
```

因为 Tag 属性是一个 object 类型的，因此这里通过 ToString()方法将其转换为 string 类型的。当然，这不是唯一的办法，通过一个全局变量或者一个 Label 控件也可以达到同样的目的，这么做的原因只是让我们多一种选择。

现在我们已经获得了文件拷贝的所有元素，接下来就可以完成这个过程了：

```
saveFileDialog1.ShowDialog();
string file = saveFileDialog1.FileName;


if (!string.IsNullOrEmpty(file))
{
    string source = pictureBox1.Tag.ToString();
    File.Copy(source, file);
}
```

在上面的代码中我们首先通过一个 SaveFileDialog 对话框取得用户所要另存图片的路径，当然这个路径是要经过验证的。如果验证通过，则将保存在 PictureBox 控件的 Tag 属性中的源文件路径提取出来，最后通过 File 类的 Copy 方法来完成图片的拷贝。

6.3.3　实现图片浏览器

经过上一阶段的学习，我们就可以完成图片浏览器了：

```
public partial class frmPicViewer : Form
{
    string[] files = null;
    int index = 0;

    public frmPicViewer()
    {
        InitializeComponent();
    }

    //打开一张图片
    private void mnuOpenPic_Click(object sender, EventArgs e)
    {
        dlgOpenFile.ShowDialog();
        string file = dlgOpenFile.FileName;

        if (!string.IsNullOrEmpty(file))
        {
            picShowPic.Image = Image.FromFile(file);
            picShowPic.Tag = file;

            lblMsg.Text = "1/1";
            picPrev.Enabled = false;
            picNext.Enabled = false;
        }
    }

    //打开多张图片
    private void mnuOpenFolder_Click(object sender, EventArgs e)
    {
        dlgOpenFolder.ShowDialog();
        string path = dlgOpenFolder.SelectedPath;

        picPrev.Enabled = true;
        picNext.Enabled = true;
```

```
        if (!string.IsNullOrEmpty(path))
        {
            files = Directory.GetFiles(path, "*.jpg");
            ShowPic();
        }
    }

    //显示图片
    private void ShowPic()
    {
        if (index < 0)
            index = files.Length - 1;

        if (index > files.Length - 1)
            index = 0;

        picShowPic.Image = Image.FromFile(files[index]);
        picShowPic.Tag = files[index];
        lblMsg.Text = (index + 1).ToString() + "/" + (files.Length + 1).ToString();
    }

    //下一张图片
    private void picNext_Click(object sender, EventArgs e)
    {
        index++;
        ShowPic();
    }

    //上一张图片
    private void picPrev_Click(object sender, EventArgs e)
    {
        index--;
        ShowPic();
    }

    //图片另存为
    private void mnuSaveAs_Click(object sender, EventArgs e)
    {
        dlgSaveAs.ShowDialog();
```

```
            string file = dlgSaveAs.FileName;

            if (!string.IsNullOrEmpty(file))
            {
                string source = picShowPic.Tag.ToString();
                File.Copy(source, file);
            }
        }

        //退出系统
        private void mnuExit_Click(object sender, EventArgs e)
        {
            Application.Exit();
        }

        //窗体加载
        private void frmPicViewer_Load(object sender, EventArgs e)
        {
            lblMsg.Text = "";
            picPrev.Enabled = false;
            picNext.Enabled = false;
        }
    }
```

在上面的代码中，我们首先声明了两个全局变量：一个是字符串数组 files，它是用来保存多选的图片路径的；另一个是整型的 index，它是用来控制 files 数组的下标的。在窗体的 Load 事件中，我们将显示消息的 Label 控件的 Text 属性设定为空，并且将上一张和下一张图片的两个 PictureBox 控件的 Enabled 属性设定为 False，这样它们就不能够被使用。

在"打开图片"菜单的 Click 事件中，我们首先通过一个 OpenFileDialog 对话框让用户选择一张图片并取得其路径，然后对这个路径进行了非空验证，通过验证后我们使用 Image 类的 FromFile()方法将其显示在一个 PictureBox 控件中，同时将其路径保存在 PictureBox 控件的 Tag 属性中。最后设置显示消息的 Label 控件的 Text 属性以及禁用上一张和下一张按钮。

在"打开文件夹"菜单的 Click 事件中，基本的操作过程和上面相似，只不过我们将这里显示图片的操作放在了一个方法中，因为在整个操作过程中我们会多次用到这个过程，因此将其封装为一个方法会让程序更加简单。

ShowPic()是我们定义的一个专门用来显示图片的方法，单独定义出来是因为在程序中要多次用到。在这个方法中，我们首先要对数组下标的控制变量 index 进行相关验证。如果其值小于零，则说明已经超出了数组的下限，这时我们将其设定为数组长度减一，也就是指向了数组的最后一个成员；如果其值大于数组长度减一，则说明已经超出了数组的上限，这时我们将其设定为零，也就是指向了数组的第一个成员。完成这个过程之后，我们就可以通过 index 从数组中找到相应的文件路径并完成后续的操作。

　　"下一张"和"上一张"这两个按钮的操作相对比较简单，只需要将 index 进行相应的加减操作，然后调用 ShowPic()方法即可。"图片另存为"虽然比较复杂，但是我们在前面已经详细讲解过了，这里就不再重复。最后的"退出"我们只需要通过 Application 对象的 Exit()方法就可以实现。

6.4　总结

　　本章我们主要学习了 WinForm 中的对话框。在实际软件的制作过程中，界面友好是一个非常重要的质量标准，一个功能齐全但界面不友好的软件是很难得到用户的认可的，而对话框在这方面有着天生的优势，它们使用简单、操作明确，因此合理地使用对话框将让我们制作的程序更加受欢迎。

6.5　上机部分

6.5.1　本次上机总目标

(1) 掌握对话框控件的使用；
(2) 掌握消息框的使用。

6.5.2　上机阶段一(25 分钟内完成)

1．上机目的
掌握对话框控件的使用。

2．上机要求
在第 2 章上机阶段三中我们设计制作了 MyNote 的主窗体以及菜单，本阶段需要我们实现菜单项"文件"中的"打开"、"保存"、"另存为"和"退出"四个子菜单功能。由于我们还没有学习文件操作，因此只需要实现通过对话框得到相应的路径即可。

3．实现步骤
(1) 在窗体上添加一个 TextBox，用来显示操作路径。
(2) 在窗体上添加 OpenFileDialog 对话框控件，并实现"打开"功能。
(3) 在窗体上添加 SaveFileDialog 对话框控件，并实现"保存"和"另存为"功能。
(4) 实现"退出"功能。
(5) 运行查看效果。

6.5.3　上机阶段二(25 分钟内完成)

1．上机目的
掌握对话框控件的使用。

2．上机要求

实现菜单项"格式"中的"字体"和"颜色"子菜单功能。

3．实现步骤

(1) 在窗体上添加 FontDialog 对话框。

(2) 在"字体"菜单的 Click 事件中打开 FontDialog 对话框，并根据对话框操作结果完成对 TextBox 控件 Font 属性的设置。

(3) 在窗体上添加 ColorDialog 对话框。

(4) 在"颜色"菜单的 Click 事件中打开 ColorDialog 对话框，并根据对话框操作结果完成对 TextBox 控件 ForceColor 属性的设置。

(5) 运行查看效果。

6.5.4　上机阶段三(25 分钟内完成)

1．上机目的

掌握对话框控件的使用。

2．上机要求

为了帮助初学者更好地学习和掌握对话框，现在需要我们制作一个简单的对话框学习程序，其运行效果如图 6-15 所示。

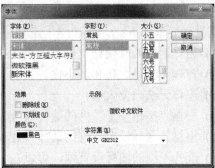

图 6-15　FontDialog 对话框学习程序

整个小程序通过 8 个 CheckBox 控件将 FontDialog 对话框的常用属性列举出来，其具体要求如下：

(1) 窗体运行的时候处于屏幕中央。

(2) 窗体无法最大化和最小化。

(3) 窗体无法改变大小。

(4) 点击每个 CheckBox 控件时在窗体右侧的"属性说明"处显示该属性的说明。

(5) 根据 CheckBox 控件的选中状态设定 FontDialog 对话框的相应属性。

(6) 在 TextBox 控件中显示对话框的操作结果。

3．实现步骤

(1) 添加新的窗体 frmFontExample。

(2) 按要求设计制作窗体。

(3) 按要求完成相应的功能。

(4) 运行查看效果。

6.5.5 上机阶段四(25分钟内完成)

1. 上机目的
掌握消息框的使用。

2. 上机要求
仿照上面阶段三制作 MessageBox 消息框的学习程序，其运行效果如图 6-16 所示。

图 6-16　MessageBox 学习程序

其具体要求如下：

(1) 窗体运行的时候处于屏幕中央。

(2) 窗体无法最大化和最小化。

(3) 窗体无法改变大小。

(4) 根据"按钮设置"内的选择设置 MessageBox 的 MessageBoxButtons 参数。

(5) 根据"图标设置"内的选择设置 MessageBox 的 MessageBoxIcon 参数。

(6) 选择不同的图标设置项，可以在上方的 PictureBox 中看到相应的图标。

3. 实现步骤

(1) 添加新窗体 frmMsgExam。

(2) 按要求设计窗体。

(3) 按要求实现相应的功能。

(4) 运行查看效果。

6.5.6 上机作业

(1) 小菜的用户要求程序中的 OpenFileDialog 对话框能够筛选图片、C#代码文件和可执行文件三种类型的文件，试写出设置代码。

(2) 将图片浏览器的"打开图片"菜单进行功能升级，让用户可以选择一个文件也可以选择多个文件，试完成该功能。

习题

一、选择题

1. MessageBox.Show()方法的第二个参数的作用是(　　)。(选 1 项)

A. 设置消息框内容　　　　　　　　B. 设置消息框标题

C. 设置消息框按钮　　　　　　　　D. 设置消息框图标

2. 下列(　　)不是 MessageBoxButtons 的取值。(选 2 项)

A. AbortRetryIgnore　　　　　　　B. YesNoCancel

C. RetryOkCancel　　　　　　　　D. Yes

3. 下列(　　)不是 MessageBoxIcon 的图标。(选 1 项)

A. 由一个红色背景的圆圈和其中的白色 X 组成

B. 由一个蓝色背景的圆圈和其中的一个问号组成

C. 由一个黄色背景的三角形和其中的一个感叹号组成

D. 由一个蓝色背景的圆圈和其中的一个感叹号组成

E. 由一个黄色背景的三角形和其中的一个问号组成

4. 下列能够操作文件的对话框是(　　)。(选 2 项)

A. OpenFileDialog　　　　　　　　B. FolderBrowserDialog

C. FontDialog　　　　　　　　　　D. SaveFileDialog

5. 下列有关 SaveFileDialog 对话框的 OverwritePrompt 属性的描述正确的是(　　)。(选 1 项)

A. 如果文件已经存在则弹出警告　　B. 如果文件不存在则弹出警告

C. 无论文件存在与否都弹出警告　　D. 无论文件存在与否都不弹出警告

6. 下列有关 SaveFileDialog 对话框的 CreatePrompt 属性的描述正确的是(　　)。(选 1 项)

A. 如果文件已经存在则弹出警告　　B. 如果文件不存在则弹出警告

C. 无论文件存在与否都弹出警告　　D. 无论文件存在与否都不弹出警告

7. 在打开 ColorDialog 对话框时希望用户可以自定义颜色，则需要(　　)。(选 2 项)

A. AllowFullOpen = True　　　　　B. AllowFullOpen = False

C. FullOpen = True　　　　　　　　D. FullOpen = False

8. 下列有关 FolderBrowserDialog 对话框的描述不正确的是(　　)。(选 1 项)

A. Description 属性可以获取对话框中在树视图控件上显示的说明文本

B. RootFolder 属性可以设置开始浏览的起始文件夹

C. SelectedPath 属性能够获取用户选定的路径

D. ShowNewFolderButton 属性可以设置在对话框中显示"新建文件夹"按钮，默认为 False

9. 下列有关 FontDialog 对话框的描述不正确的是(　　)。(选 1 项)

A. AllowScriptChange 属性可以指定对话框的字符集

B. AllowSimulations 属性可以允许对话框更改字体模拟

C. ShowColor 属性设置对话框是否显示颜色选择，默认为 True

D. ShowApply 属性可以设置对话框是否包含"应用"按钮，默认为 False

10. 当我们需要控件始终填满窗体时，可以(　　)。(选 2 项)

A. 将 Dock 属性设置为 Fill

B. 将 Dock 属性设置为 None

C. 将 Anchor 属性设置为 Top、Left、Right、Bottom

D. 将 Anchor 属性设置为 None

二、简答题

1. 简要说明 MessageBox 中 MessageBoxButtons 和 MessageBoxIcon 两个参数的作用及其取值。

2. 小菜在使用 SaveFileDialog 对话框的时候需要有覆盖文件和创建文件的提示，他该如何设置？

3. 小菜在使用 FolderBrowserDialog 对话框时需要让起始文件夹为"我的文档"，他该如何设置？

三、代码题

1. 试写出一个只能够保存文本文件的 SaveFileDialog 对话框的核心代码。

2. 试写出一个带有颜色设置的 FontDialog 对话框的核心代码。

第 7 章　文本文件操作

通过前面几章的学习，我们已经可以制作出功能比较丰富的小程序了，但是我们发现一旦我们的程序被关闭了，那么所有的信息都将丢失，这主要是因为我们的程序只是将数据保存在了内存中。本章我们将介绍如何将数据保存在磁盘文件中。

本章的基本要求如下：

(1) 熟练掌握文本文件的读取；

(2) 熟练掌握文本文件的写入；

(3) 熟练掌握 TabContr 控件的使用；

(4) 掌握窗体间互操作。

7.1　文件读取

我们知道存储在变量中的数据是临时的，这些数据离开作用域或程序结束运行后都会消失；相反，如果数据存放在文件中，则不管程序是否运行，这些数据都可以永久地保存下来。在 Windows 中文件有很多种，本章主要学习对文本文件的操作。

7.1.1　文件与流

在对文件进行操作的时候，不管什么类型的文件，首先必须以流的形式将其读取到内存中，然后才能够使用相应的对象来完成各种操作。在 C#中，我们常用 FileStream 类来完成这个工作。

FileStream 类支持对文件系统上的文件进行读取、写入、打开和关闭等操作，它既支持同步操作，也支持异步操作，其语法结构如下：

FileStream　文件对象操作对象　= new FileStream(string path, FileMode mode[, FileAccess access, FileShare share])

参数说明：

● path：string 类型必选参数，需要操作的文件路径。

● mode：FileMode 类型必选参数，打开文件的方式，其只有固定的几个取值，表 7-1 列出了可取值及其作用。

表 7-1　FileMode 可取值

可 取 值	说　　明
CreateNew	创建新文件，如果指定的文件存在则抛出异常
Create	创建新文件，如果指定的文件存在则被覆盖

续表

可 取 值	说 明
Open	打开现有的文件，流指向文件的开头。如果文件不存在则抛出异常
OpenOrCreate	打开文件，流指向文件的开头。如果文件不存在则创建新文件
Truncate	打开现有文件，清除其内容，流指向文件的开头。如果文件不存在则抛出异常
Append	打开文件，流指向文件的末尾，只能与枚举 FileAccess.Write 联合使用

● access：FileAccess 类型可选参数，用于设置文件访问方式，它只有固定的几个取值，表 7-2 列出了可取值及其作用。

表 7-2　FileAccess 可取值

可 取 值	说 明
Read	打开文件，用于只读
Write	打开文件，用于只写
ReadWrite	打开文件，用于读写

● share：FileShare 类型可选参数，用于设置文件共享方式，它只有固定的几个取值，表 7-3 列出了可取值及其作用。

表 7-3　FileShare 可取值

可 取 值	说 明
None	不共享当前文件
Read	允许随后打开文件读取
Write	允许随后打开文件写入
ReadWrite	允许随后打开文件读取或写入
Delete	允许随后删除文件

通过几个参数的设置，我们就可以轻松地将一个文件读取到内存中：

```
FileStream fs = new FileStream("c:\\1.txt", FileMode.Append, FileAccess.ReadWrite,
                               FileShare.None);
```

7.1.2　文件读取

尽管 FilmStream 对象自己带有相关的读取方法，但是其读出的一般都是字节数组，不利于我们后续的操作，所以在进行文本文件的读取操作时我们一般采用 StreamReader 类来完成，因为它操作起来更加简单。

StreamReader 对象是一个建立在文件流基础之上的数据操作对象，它可以以一种特定的编码从字节流中读取字符，一般情况下我们可以使用它读取标准文本文件的各行信息。在创建 StreamReader 对象时我们需要一个 FilmStream 对象来帮忙：

```
StreamReader sr = new StreamReader(fs);
```

在创建了 StreamReader 对象之后我们就可以通过其提供的方法来读取文件中的数据了，常用的读取方法有两个：ReadLine()和 ReadToEnd()。

ReadLine()方法的作用是从文件中读取一行数据，在使用这个方法的时候一般都需要一个循环结构来读取整个文件的内容：

```
string str = null;


while((str = sr.ReadLine()) != null)
{
    lblDesc.Text += str;

}
```

在上面的代码中需要我们注意的是循环的条件，这样做既可以取值又可以作为循环判断的条件。这种方式适合读取比较大的文件，如果读取小文件则可以使用 ReadToEnd()：

```
lblDesc.Text = sr.ReadToEnd();
```

尽管操作过程很简单，但是在实际使用过程中，我们发现经常读取出来的是乱码，问题就出在了编码格式上。默认情况下，StreamReader 对象采用的是 UTF-8 的编码格式，而文本文件的默认编码格式则是 ANSI。解决的方法就是在创建 StreamReader 对象时设置一下编码格式：

```
StreamReader sr = new StreamReader(fs, Encoding.Default);
```

Encoding 类在这里的作用就是帮助我们以指定的编码格式来读取文件，它可以支持多种不同的编码格式，通过静态属性可以很方便地设置读取格式，表 7-4 列出了常用的几个属性。

表 7-4 常用编码属性

属　性	对　应　编　码
ASCII	获取 ASCII 字符集的编码
BigEndianUnicode	获取使用 Big-Endian 字节顺序的 UTF-16 格式的编码
Default	获取操作系统的当前 ANSI 代码页的编码
Unicode	获取使用 Little-Endian 字节顺序的 UTF-16 格式的编码
UTF32	获取使用 Little-Endian 字节顺序的 UTF-32 格式的编码
UTF7	获取 UTF-7 格式的编码
UTF8	获取 UTF-8 格式的编码

当所有的操作都结束之后，一定不要忘记关闭文件流，否则这个文件就无法被其他程序访问：

```
sr.Close();
fs.Close();
```

尽管在大多数情况下，关闭 FileStream 流之后相应的 StreamReader 对象也会被关闭，但是作为一个好的编程习惯，还是应该在关闭流之前先将读取对象关闭。

另外一种常见的使用方式是直接通过 StreamReader 类来打开文件：

```
StreamReader sr = new StreamReader("c:\\1.txt", Encoding.Default);
```

事实上这两种方式并没有本质上的区别，只不过在第二种方法中文件流变成了一个系统自动创建的隐式对象而已。

7.2 音像店管理 4.0

在前面的章节中，我们在不断地改进音像店管理程序，尽管功能有所增加，但是始终都无法将数据永久保存，接下来我们将通过引入文本文件的方式再次改进我们的程序。

7.2.1 问题

在新版音像店管理程序中，文本文件将作为一种数据存储的手段出现在程序中。当店里有了新的电影或者现在的电影信息发生变化之后，管理员可以很方便地修改文本文件中的内容，这样当用户通过程序查看某部电影的信息时，系统就可以读取这个文件，并且将数据呈现在用户面前，其运行效果如图 7-1 所示。

图 7-1 音像店管理

具体需求如下：

(1) 影片类型有战争片、科幻片、爱情片、魔幻片和动漫等，可以设定为固定的。

(2) 选择不同类型的影片后，需要在下面的 ListBox 中将该类型下的所有电影的名称显示出来。

(3) 双击一部电影的名称，在窗体右侧显示电影的详细信息。

(4) 每一部电影包含两个文件：电影封面和电影信息文件。

(5) 查看的电影超过一部的时候用选项卡的方式呈现。

7.2.2 需求分析

1. 选项卡

整个程序最显眼的可能就是占了界面大部分的选项卡了，实现这个效果所采用的控件叫 TabControl，这是 WinForm 众多容器类控件中的一个，不过和前面我们接触过的容器控件不同，TabControl 控件本身并不能够直接作为其他控件的容器来使用，它是通过 TabPage 选项卡页控件来工作的，因此在使用 TabControl 时最重要的就是其 TabPages 属性，该属性用来设置和管理所有的选项卡页。

和 ComboBox 控件的 Items 属性相似，TabControl 控件的 TabPages 属性也有自己独立的选项卡页编辑器，如图 7-2 所示。

图 7-2　TabPages 编辑器

点击"添加(A)"按钮就可以添加一个新的选项卡页，每一个选项卡页都可以设置其独立的属性，其中最重要的是 Name 和 Text。Name 用来设置选项卡页对象的名称，以 tap 作为前缀；Text 用来设置选项卡页的标题。

除了使用编辑器设置选项卡页之外，也可以通过代码的方式来完成这个工作：

```
TabPage tp = new TabPage();

tp.Name = "tapFilm";

tp.Text = "超级战舰";

tabControl1.TabPages.Add(tp);
```

当然无论采用哪种方式，添加的都只是一个空的选项卡页，如果需要在其上呈现其他控件则还需要更多的操作。同样的，我们也有很多方式来设计选项卡页的内容。如果采用的是编辑器，则可以直接在 VS2010 中设计界面。如果期望动态地生成界面，则可以通过代码的方式来实现：

```
//创建新的选项卡页

TabPage tp = new TabPage();

tp.Name = "tapFilm";

tp.Text = "超级战舰";


//动态添加控件

Label lblName = new Label();

lblName.Name = "lblName";
```

```
lblName.Text = "姓名：";
tp.Controls.Add(lblName);

tabShowInfo.TabPages.Add(tp);
```

这种方式可以根据需要动态地生成界面，但是麻烦之处在于需要精确地设定每一个控件的位置和大小。另外一种方式就是将整个窗体嵌入到选项卡页中：

```
//创建新窗体和新选项卡
frmFilmDetails fd = new frmFilmDetails(fileName);
TabPage tp = new TabPage();

//设置窗体属性
fd.TopLevel = false;
fd.Parent = tp;
fd.Dock = DockStyle.Fill;

//添加选项卡
tp.Controls.Add(fd);
tabShowInfo.TabPages.Add(tp);
fd.Show();

//刷新和设定选项卡
tabShowInfo.Refresh();
tabShowInfo.SelectedTab = tp;
```

在上面的代码中，我们首先创建了一个窗体对象和一个选项卡页对象。接下来我们对窗体的几个属性进行设置：TopLevel 属性告诉系统我们声明的窗体对象不是一个顶级窗体，这样才能够将其嵌入到其他的容器控件中；Parent 属性用来设置窗体对象的父容器，自然这里的父容器就是选项卡页对象了；Dock 属性用来设置窗体的停靠方式，我们在这里选择了 Fill，也就是填充满父容器。第三步，我们将窗体对象添加到选项卡页中，并且将选项卡页对象添加到 TabControl 中，然后通过 Show()方法打开窗体，这样就完成了窗体的嵌入工作。最后，我们将整个选项卡控件刷新，并设定新添加的选项卡页对象为当前选中的选项卡。

这样做虽然略显麻烦，但是我们不但实现了动态选项卡的功能，而且成功地将窗体的展示和窗体内容显示分离开来，仔细观察上面的代码我们会发现整个过程没有关于窗体如何显示数据的操作，因为这些操作被封装到了窗体的内部。

2．控件联动

在我们这一版本的管理程序中，需要实现电影类型、电影名称和电影详细内容之间的联动效果，这需要 ComboBox、ListBox 和 TabControl 三个控件的紧密配合。联动的基本实现思路很简单：在 ComboBox 控件中选择某个电影类型后，在其 SelectedIndexChanged 事件中向 ListBox 控件中填充相应的电影名称，在双击 ListBox 中某个电影后，在其 DoubleClick 事件中完成在 TabControl 控件中显示该电影详细信息的工作。

　　根据这个思路，我们需要为所有的电影设置类别这个属性。另外，为了能够显示详细信息，我们还需要为电影设置名称、上映时间、主演和介绍等属性。最好的做法是单独创建一个电影类，将上面提到的内容都定义成其属性，但是这样一来，我们就需要在窗体上声明很多电影类对象或者创建一个电影类的数组。无论采用哪种方式我们的程序中都会产生很多对象，可是我们需要的仅仅是电影的名称而已。因此，在这里我们采用另一种方式去实现，虽然显得很麻烦，但是却能够减少系统的开销，而且让程序变得更加灵活：

```
//生成文件名
string path = Application.StartupPath + "\\Films\\" + (cboType.SelectedIndex + 1).ToString() + ".txt";
StreamReader sr = new StreamReader(path, Encoding.Default);
lstFilm.Items.Clear();


//读取文件
string s = null;
while ((s = sr.ReadLine()) != null)
    lstFilm.Items.Add(s);
```

　　看到这里大家应该就明白了，我们并没有将电影名称放在程序中，而是通过文件读取的方式从外部获得，因此在程序的开始，我们通过 ComboBox 的 SelectedIndex 属性来合成文件路径，这里有以下几个地方需要我们特别注意。

　　首先是文件的命名，因为我们是根据控件的选择项来完成操作的，所以我们设定 ComboBox 控件中每一项的下标加一即为该类型电影的文件名称。例如，战争片是 ComboBox 控件的第一项，因此战争片的文件名就是 1.txt，相应的战争类电影的介绍文件的名称就是 1+序号，比如战争类电影《中途岛战役》的文件名就是 14.txt。这样我们只需要知道 ComboBox 控件和 ListBox 控件的选中项下标就可以知道用户所要查看的文件名称了。

　　第二个需要我们关注的是 Application.StartupPath，其作用是取得当前可执行文件的路径。在 WinForm 的文件操作中，如果打开文件的时候只给出文件名而不包含路径，那么该文件必须放在和 EXE 文件同一路径下或者放在 System32 目录下，否则就必须给出文件的完整路径。因此，在进行文件操作时我们一般将文件放置在和 EXE 同一路径或 EXE 所在目录的子目录下，这样通过 Application.StartupPath 就可以取得 EXE 文件所在的目录，然后经过简单的合成就可以获得文件的完整路径了。

　　接下来要完成的就是双击 ListBox 中的某一项后打开该电影的详细信息，这中间的大部分代码我们在前面选项卡部分已经介绍过了，因此这里只给出其中一部分：

```
string fileName = (cboType.SelectedIndex + 1).ToString() + (lstFilm.SelectedIndex + 1).ToString();
frmFilmDetails fd = new frmFilmDetails(fileName);
```

　　正如前面我们所介绍的那样，这部分代码并不负责显示电影的详细信息，只是动态地添加一个新的选项卡页，然后将显示电影详细信息的窗体嵌入其中即可，所以我们操作的重点依然是合成文件名，并将其作为参数传递到电影详细信息窗体中即可。

3．文件读取与显示

当用户在 ListBox 控件中双击某一个电影后，我们需要将其详细信息呈现出来，当然这个过程还是从获取文件名称开始，采用的方式依然是通过窗体间参数的传递来实现：

```
private string fileName = null;

public frmFilmDetails(string name)
{
    InitializeComponent();
    this.fileName = name;
}
```

这些代码前面已经使用过多次了，这里不再详述。取得文件名后在窗体的 Load 事件中我们就可以完成具体的操作了：

```
//合成路径
string path = Application.StartupPath + "\\Films\\" + fileName + ".txt";
string image = Application.StartupPath + "\\Films\\" + fileName + ".jpg";

if (File.Exists(path))
{
//打开文件
FileStream fs = new FileStream(path, FileMode.OpenOrCreate, FileAccess.ReadWrite,
FileShare.None);
StreamReader sr = new StreamReader(fs, Encoding.Default);

//显示信息
lblName.Text = sr.ReadLine();
lblPubDate.Text = sr.ReadLine();
lblType.Text = sr.ReadLine();
lblActors.Text = sr.ReadLine();
lblDesc.Text = sr.ReadLine();
picCover.Image = Image.FromFile(image);

//关闭文件
sr.Close();
fs.Close();}
```

操作过程和上面差不多，首先还是合成文件路径，这里我们需要两个文件的路径，因为一部电影有两个文件：说明文件和封面海报图片。接下来通过 FileStream 对象和 StreamReader 对象来打开文件。第三步就是通过调用 StreamReader 对象的 ReadLine()方法来读取并显示文件的内容。最后在操作完成后关闭文件流。

7.2.3　实现音像店管理 4.0

新版的音像店管理程序由两个文件组成：

frmFilmList.cs：

```
public partial class frmFilmList : Form
{
    public frmFilmList()
    {
        InitializeComponent();
    }

    private void frmFilmList_Load(object sender, EventArgs e)
    {
        cboType.SelectedIndex = 0;
    }

    private void cboType_SelectedIndexChanged(object sender, EventArgs e)
    {
        //生成文件名
        string path= Application.StartupPath+"\\Films\\"+(cboType.SelectedIndex+1).ToString()+".txt";
        StreamReader sr = new StreamReader(path, Encoding.Default);
        lstFilm.Items.Clear();

        //读取文件
        string s = null;
        while ((s = sr.ReadLine()) != null)
            lstFilm.Items.Add(s);
    }

    private void lstFilm_DoubleClick(object sender, EventArgs e)
    {
        string fileName = (cboType.SelectedIndex + 1).ToString() +
                            (lstFilm.SelectedIndex + 1).ToString();

        //创建新窗体和新选项卡
        frmFilmDetails fd = new frmFilmDetails(fileName);
        TabPage tp = new TabPage();
```

```
        //设置选项卡信息
        fd.TopLevel = false;
        fd.Parent = tp;
        fd.Dock = DockStyle.Fill;

        //显示文件内容
        tp.Text = lstFilm.SelectedItem.ToString();
        tp.Controls.Add(fd);

        //添加选项卡
        tabShowInfo.TabPages.Add(tp);
        fd.Show();

        //刷新和设定选项卡
        tabShowInfo.Refresh();
        tabShowInfo.SelectedTab = tp;
    }
}
```

在这个页面上，电影类型已经固定设置在 ComboBox 控件中，因此在窗体的 Load 事件中我们设定 ComboBox 控件的选中项为第一项。在 ComboBox 控件的 SelectedIndexChanged 事件中我们通过读取相应的文件来动态地将电影名称添加到 ListBox 控件中。而在 ListBox 控件的 DoubleClick 事件中，我们则通过对几个控件的取值获取到用户所要查看的电影的文件名，并且通过 TabControl 控件将电影的详细信息呈现在一个新的选项卡页中：

```
frmFilmDetails.cs:
public partial class frmFilmDetails : Form
{
    private string fileName = null;

    public frmFilmDetails(string name)
    {
        InitializeComponent();
        this.fileName = name;
    }

    private void frmFilmDetails_Load(object sender, EventArgs e)
    {
        string path = Application.StartupPath + "\\Films\\" + fileName + ".txt";
```

```
        string image = Application.StartupPath + "\\Films\\" + fileName + ".jpg";

        if (File.Exists(path))
        {
            FileStream fs = new FileStream(path, FileMode.OpenOrCreate,
                    FileAccess.ReadWrite, FileShare.None);
            StreamReader sr = new StreamReader(fs, Encoding.Default);

            lblName.Text = sr.ReadLine();
            lblPubDate.Text = sr.ReadLine();
            lblType.Text = sr.ReadLine();
            lblActors.Text = sr.ReadLine();
            lblDesc.Text = sr.ReadLine();

            picCover.Image = Image.FromFile(image);

            sr.Close();
            fs.Close();
        }
    }
}
```

这个窗体的任务比较单一，即根据用户所选择的文件读取电影信息并呈现出来，因此几乎所有的代码都写在窗体的 Load 事件中，具体代码我们在前面已经讲解过了，这里不再详述。

7.3　文件写入

写文件和读文件的操作很相似，所使用的对象为 StreamWriter，其使用方式和StreamReader 也很相似，语法结构如下：

```
StreamWriter sw = new StreamWriter(Stream stream);
```

或

```
StreamWriter sw = new StreamWriter(string path,bool append,Encoding encoding);
```

参数说明：

● stream：Stream 类型必选参数，要写入的文件流对象。

● path：string 类型必选参数，要写入的完整的文件路径。

● append：bool 类型可选参数，确定是否将数据追加到文件。如果该文件存在，并且 append 为 false，则该文件被覆盖。如果该文件存在，并且 append 为 true，则数据被追加到该文件中。如果该文件不存在，则将创建新文件。

- encoding：Encoding 类型可选参数，要使用的字符编码类型。

和 StreamReader 对象一样，当我们需要向一个文本文件中写入内容的时候，首先也需要创建一个文件流对象，只不过这个流的访问方式必须选择 Write 或者 ReadWrite：

```
FileStream fs = new FileStream("c:\\1.txt", FileMode.OpenOrCreate,
                              FileAccess.ReadWrite);
```

有了文件流对象后我们就可以创建写入对象：

```
StreamWriter sw = new StreamWriter(fs);
```

通过 StreamWriter 对象的相应方法我们就可以完成对文件的写操作：

```
sw.Write("Hello!");
sw.WriteLine("Hello!");
```

这里我们给出了常用的两个方法，它们的作用都是将字符串写入流，区别在于WriteLine()方法在写完后会添加一个换行符，而 Write()方法则没有。另外，如果给出的参数为 null，那么 Write()方法不写入任何内容，而 WriteLine()方法会写入一个行结束字符。

最后一定不要忘记关闭相关的对象：

```
sw.Flush();
sw.Close();
fs.Close();
```

我们发现在调用 Close()方法之前我们还调用了 Flush()方法，该方法的作用是清理当前编写器的所有缓冲区，并使所有缓冲数据写入基础流。因为在进行文件写操作的时候，当我们调用 Write()或者 WriteLine()方法后，我们所给出的信息实际上并没有真正地写入到磁盘中，而是暂时保存在了系统的缓存中，只有当缓存被装满或者有明确的指令后，这些信息才会真正地写入磁盘文件。因此，如果在结束操作之前没有给出系统写磁盘文件的指令，除非我们运气特别好刚好碰到磁盘存满的情况，否则我们的信息是不会被写入到磁盘文件的。

我们也可以直接创建 StreamWrite 对象，并且完成文件的写操作：

```
StreamWriter sw = new StreamWriter("c:\\1.txt",true,Encoding.Default);
```

当然这也和前面是一样的，两种方式没有什么区别。

7.4 我的便签

接下来我们将制作另外一个小程序，这个程序中的大部分内容我们已经在前面的章节中学习过了，不过还是有一些新的内容在里面。

7.4.1 问题

"我的便签"是一个小程序，能够实现对文本文件的读写操作，其运行效果如图 7-3所示。

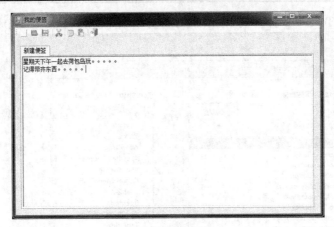

图 7-3　我的便签

具体要求如下：

(1) 窗体的工具栏包含 7 个按钮，分别是：新建、打开、保存、剪切、复制、粘贴和退出。

(2) 便签的显示仍然采用 TabControl 控件来实现。

7.4.2　需求分析

1．工具栏

工具栏在 Windows 应用程序中很常见，它一般是由多个按钮、标签等排列组成的，主要是提供一种便捷的方式来快速地执行程序提供的一些常用命令，比使用菜单选择更加方便快捷。在 WinForm 中，制作工具栏的控件是 ToolStrip，该控件通常沿其父窗口顶部"停靠"，但是也可以将它停靠到窗口的任一边上。

向 Windows 窗体中添加一个 ToolStrip 控件后，窗体顶端会出现一个工具栏，如图 7-4 所示，单击工具栏上的小箭头，弹出下拉菜单，其中每一项都是可以使用在工具栏上的项类型，常用的有 Button 按钮、Label 标签、ComboBox 下拉框等控件，单击某项即可添加到工具栏上。

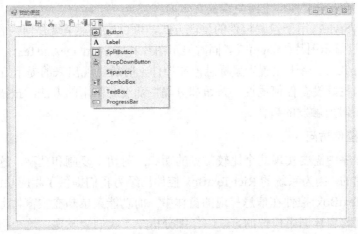

图 7-4　使用工具栏

也可以通过 ToolStrip 控件的 Items 属性打开"项集合编辑器"来完成工具栏的编辑，如图 7-5 所示。

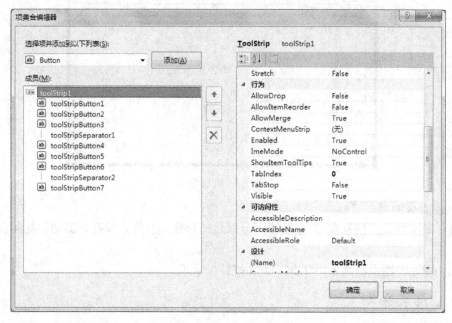

图 7-5　项集合编辑器

除了用上述两种方式，我们也可以通过代码来添加按钮：

```
toolStrip1.Items.Add("One");
toolStrip1.Items.Add("Two");
```

选中添加到工具栏上的按钮，可以在属性窗口中看到其属性列表。工具栏按钮常用的属性有：

● Name：用来设置控件的名称，其前缀采用 btn。

● Image：用于设置控件上所呈现出来的图片，一般情况下工具栏都是通过图片的方式来说明其相应的功能。

● Text：用于设置控件上所呈现的文本内容。

● DisplayStyle：用于设置控件的呈现方式，可以选择不呈现任何内容(None)、只显示文本(Text)、只显示图片(Image)或者同时显示图片和文字(ImageAndText)。

● ToolTipText：用于设置当鼠标悬停在控件上时所呈现出来的提示信息。

如果是分隔栏则没有任何属性。按钮和分隔栏都没有常用的方法，按钮的常用事件是 Click，即被单击时所触发的事件。

2．跨窗体控件访问

在我们的程序中需要实现几个比较常见的功能：剪切、复制和粘贴。这些功能是不需要我们具体实现的，因为系统的 RichTextBox 控件已经为我们提供了相应功能实现的方法，难点在于 RichTextBox 控件在信息呈现的窗体中，而功能菜单却在主窗体上，所以需要解决的问题是如何跨窗体调用控件的方法。仔细分析一下我们会发现，这个问题的焦点其实有两个：如何公开方法以及如何访问控件。因此解决的过程也需要两步。

首先，我们必须将 RichTextBox 控件本身所提供的方法公开出来，默认情况下控件是作为窗体的私有成员存在的，也就是说在窗体的外部无法访问窗体控件，因此才需要进行这个操作。当然实现的过程并不复杂，例如我们可以这样将 RichTextBox 控件的剪切方法公开出来：

```
public void Cut()
{
    txtInfo.Cut();
}
```

　　经过这样的转换，原来私有成员的方法就变成了窗体的公有方法，这样外部用户便可以访问，这就是我们要解决的第二个问题了，即外部用户如何访问。当然最简单的方式就是创建窗体的对象，然后通过对象来访问：

```
frmInfo fi = new frmInfo();
fi.Cut();
```

　　当然这种方式实际上没有什么使用价值，因为我们不可能在用户每次点击菜单的时候都创建一个窗体对象，而且即使这样做了，我们最终所操作的窗体对象也不是原来用户期望操作的窗体对象，所以我们还是要另外想办法。

　　事实上，不论是新建文件还是打开文件，我们都需要创建一个用来显示文件内容的窗体对象，而且这个对象会一直存在，只不过这个窗体对象被我们"放"在了选项卡页中：

```
frmInfo fi = new frmInfo(path);
TabPage tp = new TabPage();
tp.Controls.Add(fi);
```

　　因此，只要能够将这个窗体对象从选项卡页中"拿"出来，我们就可以方便地调用其定义的方法了：

```
((frmInfo)tabControl1.SelectedTab.Controls[0]).Cut();
```

　　上面的代码看起来比较复杂，为了便于理解，我们将其拆开来写：

```
Control ctr = tabControl1.SelectedTab.Controls[0];
frmInfo fi = (frmInfo)ctr;
fi.Cut();
```

　　事实上这个过程并不复杂，既然我们前面就已经将窗体对象添加到了选项卡页的 Controls 集合中，那我们就可以通过下标的方式将其提取出来，只不过提取出来的是一个 Control 类型的对象，因此在第二行代码中我们将其转换为窗体类型，完成这两步后就可以很简单地调用窗体对象的方法了。

7.4.3　实现"我的便签"

　　在完成了需求分析后，我们就可以具体实现程序了：

frmNote.cs

```
public partial class frmNote : Form
{
    public frmNote()
```

```
        {
            InitializeComponent();
        }

        //新建便签
        private void btnNew_Click(object sender, EventArgs e)
        {
            frmInfo fi = new frmInfo(null);
            TabPage tp = new TabPage();

            fi.TopLevel = false;
            fi.Parent = tp;
            fi.Dock = DockStyle.Fill;

            tp.Text = "新建便签";
            tp.Tag = null;
            tp.Controls.Add(fi);

            tabControl1.TabPages.Add(tp);
            tabControl1.SelectedTab = tp;
            fi.Show();
        }

        //打开便签
        private void btnOpen_Click(object sender, EventArgs e)
        {
            openFileDialog1.Filter = "便签文件|*.txt";
            openFileDialog1.ShowDialog();

            string path = openFileDialog1.FileName;

            if (File.Exists(path))
            {
                frmInfo fi = new frmInfo(path);
                TabPage tp = new TabPage();

                fi.TopLevel = false;
                fi.Parent = tp;
                fi.Dock = DockStyle.Fill;
```

```
            tp.Text = Path.GetFileName(path);
            tp.Tag = path;
            tp.Controls.Add(fi);

            tabControl1.TabPages.Add(tp);
            tabControl1.SelectedTab = tp;
            fi.Show();
        }
    }

    //保存便签
    private void btnSave_Click(object sender, EventArgs e)
    {
        string path = null;

        if (tabControl1.SelectedTab.Tag == null)
        {
            saveFileDialog1.Filter = "便签文件|*.txt";
            saveFileDialog1.ShowDialog();
            path = saveFileDialog1.FileName;
        }
        else
            path = tabControl1.SelectedTab.Tag.ToString();

        ((frmInfo)tabControl1.SelectedTab.Controls[0]).SaveFile(path);
    }

    //剪切
    private void btnCut_Click(object sender, EventArgs e)
    {
        ((frmInfo)tabControl1.SelectedTab.Controls[0]).Cut();
    }

    //复制
    private void btnCopy_Click(object sender, EventArgs e)
    {
        ((frmInfo)tabControl1.SelectedTab.Controls[0]).Copy();
    }
```

```csharp
//粘贴
private void btnPaste_Click(object sender, EventArgs e)
{
    ((frmInfo)tabControl1.SelectedTab.Controls[0]).Paste();
}

//退出
private void btnExit_Click(object sender, EventArgs e)
{
    Application.Exit();
}
}
```

上面的代码和我们在音像店管理程序中所编写的基本上相同，这里不再做详细说明。

frmInfo.cs

```csharp
public partial class frmInfo : Form
{
    private string _path = null;
    public frmInfo(string path)
    {
        InitializeComponent();
        this._path = path;
    }

    //写文件
    public void SaveFile(string path)
    {
        StreamWriter sw = new StreamWriter(path, true, Encoding.Default);
        sw.WriteLine(txtInfo.Text);
        sw.Flush();
        sw.Close();
    }

    //剪切
    public void Cut()
    {
        txtInfo.Cut();
    }

    //复制
```

```csharp
public void Copy()
{
    txtInfo.Copy();
}

//粘贴
public void Paste()
{
    txtInfo.Paste();
}

//读取文件
private void frmInfo_Load(object sender, EventArgs e)
{
    if (!string.IsNullOrEmpty(_path))
    {
        StreamReader sr = new StreamReader(_path, Encoding.Default);
        txtInfo.Text = sr.ReadToEnd();
        sr.Close();
    }
}
```

在上面的代码中，两个最重要的操作分别是保存便签和打开便签。

7.5　总结

本章我们主要学习的是文本文件的读写操作。在 C#中，文件操作大体上可以分成三个步骤：打开文件流、读写操作和关闭文件流。对文件流的操作可以通过 FileStream 对象来完成，读写操作则分别采用 StreamReader 和 StreamWrite 两个对象来实现。

7.6　上机部分

7.6.1　本次上机总目标

掌握文本文件的读写操作。

7.6.2　上机阶段(100 分钟内完成)

1. 上机目的

掌握文本文件的读写操作。

2．上机要求

在前面几章的上机作业中，我们分别制作了 MyNote 的窗体和菜单，本阶段上机要求我们完整实现其所有的功能。

3．实现步骤

(1) 分别将 MyNote 的主窗体和文件显示窗体添加到我们的项目中。

(2) 实现"文件(F)"菜单下的功能。

(3) 实现"编辑(E)"菜单下的功能。

(4) 实现"查看(V)"菜单下的功能。

(5) 实现"格式(O)"菜单下的功能。

(6) 运行查看效果。

7.6.3 上机作业

试制作一个小程序，在文本文件中保存学员的成绩，文件应该包含每个学员的姓名、学号、课程名称和成绩。用户通过小程序读取文件内容并显示在如图 7-6 所示的窗体中。

图 7-6 查看学员成绩

习题

一、选择题

1．下面(   )类只能用于写入数据到文本文件中。(选 1 项)

A．FileStream   B．Steam   C．StreamWriter   D．StreamReader

2．下面(   )类只能用于从文件中读取数据。(选 1 项)

A．FileStream   B．Steam   C．StreamWriter   D．StreamReader

3．进行文件操作需要使用的名称空间是(   )。(选 1 项)

A．System.IO   B．System.Data   C．System.Text   D．System.File

4．在 FileMode 的取值中，如果文件不存在就会抛出异常的是(   )。(选 2 项)

A．CreateNew   B．Open   C．Append   D．Truncate

5．当 FileMode 被设置为 Append 的时候，FileAccess 必须设置为(   )。(选 1 项)

A．Read   B．Write   C．ReadWrite   D．都可以

6．如果需要以独占方式打开文件，则可以将 FileShare 设置为(   )。(选 1 项)

A．Read　　　　　　B．Write　　　　C．ReadWrite　　　　D．None

7．默认情况下，读取 Windows 文本文件时 Encoding 设置为(　　)。(选 1 项)

A．UTF8　　　　　B．ASCII　　　　C．Default　　　　　D．Unicode

8．下列代码的运行结果是(　　)。(选 1 项)

```
public void WriteFile(string path)
{
            StreamWrite sw = new StreamWrite(path);
            sw.WriteLine("Hello!");
            sw.WriteLine("Hello Again!");
}
```

A．在文件中写入：Hello！Hello Again！　　　B．在文件中写入：Hello！

　　　　　　　　　　　　　　　　　　　　　　　　　Hello Again！

C．在文件中写入：Hello！Hello　　　　　　　　D．无法写入文件

　　　　　　　　　Again！

9．下面有关 TabControl 控件的描述错误的是(　　)。(选 1 项)

A．TabControl 是一个容器控件

B．TabControl 可以通过编辑器添加选项卡页，也可以通过代码添加

C．TabControl 只能够添加 25 个选项卡页

D．TabControl 控件通过 TabPages 管理选项卡页

10．下面有关 ToolStrip 控件的描述错误的是(　　)。(选 2 项)

A．ToolStrip 控件只能放置在窗体的顶部

B．ToolStrip 控件为用户提供了快速访问系统功能的通道

C．ToolStrip 控件只能通过界面或项集合编辑器来完成设置

D．一个窗体可以包含多个 ToolStrip 控件

二、简答题

1．试至少写出 3 个文件操作的类及其作用。

2．试写出文本文件读取的核心代码。

3．试写出文本文件写入的核心代码。

三、代码题

1．创建一个文本文件，里面写入 10 个人名，每行一个。在窗体中添加一个 ComboBox 控件，窗体加载时读取文件，将里面的人名添加到下拉控件中。

2．添加一个"删除"按钮，删除选中的下拉框选项(记得删除前用对话框询问是否删除)，点击"保存"按钮时，将剩下的名字保存到文件中(更新文件中的内容，原来的内容清空)。

第8章 ADO.NET(一)

在现代商业信息系统中，数据库技术得到了广泛应用，相应的数据库访问技术也越来越受到人们的关注，ADO.NET 作为 .NET 体系中重要的数据库访问技术，一直是 .NET 程序员学习和使用的重点内容。本章将讨论如何在 C# 程序中使用 ADO.NET 访问数据库中的数据，学习通过 ADO.NET 帮助用户完成对数据库的各种操作，开发出功能更加强大的程序。

本章的基本要求如下：

(1) 了解 ADO.NET 的基本概念；

(2) 了解 ADO.NET 的组成；

(3) 掌握 Connection 对象的使用；

(4) 掌握配置文件的使用。

8.1 案例介绍

在开始学习 Command 对象之前，我们先来了解一下我们所用到的案例。本章依然采用音像店管理程序作为我们的案例。通过本章的学习，我们可使用 ADO.NET 技术将数据库技术应用到我们的系统中，从而让它变得更加完善。

8.1.1 数据库设计

新版音像店管理程序的数据库名称是 MyFilm，包括电影类型表(FilmType)、电影信息表(Film)、用户类型表(UserType)、用户信息表(User)、订单表(Order)和订单明细表(OrderDetails) 6 张数据表，表 8-1～表 8-6 列出了它们的详细信息。

表 8-1　FilmType 数据表

字段名称	数据类型	长度	说　　明
ID	int	4	电影类型的编号 主键 自动增长
Name	nvarchar	16	电影类型名称 非空 唯一
AddedBy	nvarchar	16	添加者
ParentID	int	4	上级类型的编号
Desc	nvarchar	256	说明
State	int	4	状态 默认为 0 (表示可用)

表 8-2 Film 数据表

字段名称	数据类型	长度	说　明
ID	int	4	电影编号 主键 自动增长
Name	nvarchar	32	电影名称 非空
AddedBy	nvarchar	16	添加者
TypeID	int	4	电影类型编号 FilmType 表外键
Actors	nvarchar	256	主要演员列表
Amount	int	4	库存数量 大于等于 0
Price	money	8	价格 大于等于 0
Desc	nvarchar	max	说明
State	int	4	状态 默认为 0(表示可用)

表 8-3 UserType 数据表

字段名称	数据类型	长度	说　明
ID	int	4	用户类型编号 主键 自动增长
Name	nvarchar	16	用户类型名称 非空 唯一
AddedBy	nvarchar	16	添加者
Desc	nvarchar	256	说明
State	int	4	状态 默认为 0(表示可用)

表 8-4 User 数据表

字段名称	数据类型	长度	说　明
ID	int	4	用户编号 主键 自动增长
Name	nvarchar	16	用户姓名
UserName	nvarchar	8	用户登录名 非空 唯一
Password	nvarchar	64	用户密码 非空
TypeID	int	4	用户类型编号 UserType 表外键
Desc	nvarchar	256	说明
State	int	4	状态 默认为 0(表示可用)

表 8-5 Order 数据表

字段名称	数据类型	长度	说　明
ID	nvarchar	12	订单编号 主键 年月日+4 为流水号 如 201210300002
UserID	int	4	用户编号
OrderDate	datetime	8	下单日期
TotalPrice	money	8	订单总价 大于等于 0
Desc	nvarchar	256	说明
State	int	4	状态 默认为 0(表示可用)

表 8-6　OrderDetails 数据表

字段名称	数据类型	长度	说　　明
ID	int	4	订单明细编号　主键　自动增长
OrderID	nvarchar	12	所属订单编号　非空
FilmID	int	4	电影编号
Amount	int	4	购买数量
State	int	4	状态　默认为 0 (表示可用)

8.1.2　业务说明

　　用户在使用音像店管理程序的时候，首先需要注册一个账号，注册账号需要提供个人信息，并且设置个人的用户名和密码。有了账号后就可以登录系统。进入系统后用户可以查看电影信息，根据不同的条件查询所要的电影。选中电影后就可以下单购买。

　　如果是管理员，除了可以查看电影和购买电影外，还可以添加、编辑和删除电影信息，管理电影分类信息和用户信息，并且可以审查和确认订单。

8.2　ADO.NET

　　ADO.NET 是一系列对象的统称，这些对象互有联系又分工明确，它们配合在一起共同构建了一个完整的体系，通过这个体系及其相关的扩展应用，我们就可以在.NET 程序中方便地操作各种数据库了。

8.2.1　ADO.NET 简述

　　ADO.NET 是由 ADO(ActiveX Data Object ActiveX，数据对象)技术发展而来的。1997年，微软已经拥有了各种琳琅满目而功能重叠的数据库访问技术群，这些技术让企业与开发人员在选择、学习与应用上产生了很多的困扰，为此微软对这些技术群进行了整合和重写，从而诞生了 ADO 技术。

　　ADO 推出后顺利地取代了其他的数据库访问技术，成为在 Windows NT 4.0 和 Windows 2000 操作系统上开发数据库应用程序的首选。它将对象模型进行了统一，而数据提供者则改由数据库厂商发展，这样 ADO 本身就与数据源无关，这种开发方法让它迅速地获得了使用 ASP 与 Visual Basic 开发人员的青睐。然而 ADO 本身的架构仍然有缺陷，这些缺陷在随后互联网应用程序大量出现后表现得尤为突出。

　　1998 年，微软提出了下一代应用程序开发框架(Application Framework)计划，在这个计划中微软采用在客户端创建一个临时的小型数据库的方式实现了真正的数据脱机处理能力。这个改进不但有效地减少了数据库连接，而且其资源使用量也更少。在 2000 年 Microsoft .NET 计划开始成形时，这个新的架构被改名为 ADO.NET，并包装到.NET Framework 类库中，成为.NET 平台中唯一的数据访问组件。

　　ADO.NET 提供了对各种公开数据源的一致访问，这些数据源可以是 SQL Server 或其他类型的数据库，也可以是像 XML 这样的数据源，甚至是通过 OLE DB 和 ODBC 公开的数据源。共享数据的使用方应用程序可以使用 ADO.NET 连接到这些数据源，并可以检索、处理和更新其中包含的数据。

ADO.NET 通过数据处理将数据访问分解为多个可以单独使用或一前一后使用的不连续组件。ADO.NET 包含用于连接到数据库、执行命令和检索结果的.NET Framework 数据提供程序。这些结果或者被直接处理，放在 ADO.NET 数据集(DataSet)对象中以便以特别的方式向用户公开，并与来自多个源的数据组合，或者在层之间传递。DataSet 对象也可以独立于.NET Framework 数据提供程序，用于管理应用程序本地的数据或源自 XML 的数据。

8.2.2　组成

ADO.NET 由.NET 框架数据提供程序(.NET Framework Data Provider)和数据集(DataSet)两个部分构成，这两个部分是相辅相成的，共同构成了整个 ADO.NET 架构，如图 8-1 所示。

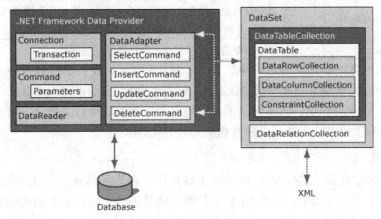

图 8-1　ADO.NET 架构

1．.NET 框架数据提供程序

.NET Framework 数据提供程序用于连接到数据库、执行命令和检索结果。这些结果将被直接处理，放置在 DataSet 中以便根据需要向用户公开、与多个源中的数据组合或在层之间进行远程处理。.NET Framework 数据提供程序是轻量的，它在数据源和代码之间创建最小的分层，并在不降低功能性的情况下提高性能。默认情况下，ADO.NET 为我们提供了四种不同的数据提供程序，如表 8-7 所示。

表 8-7　NET Framework 中包含的数据提供程序

数据提供程序	说　　明
SQL Server 的数据提供程序	提供对 Microsoft SQL Server 7.0 或更高版本中数据的访问。使用 System.Data.SqlClient 命名空间
OLE DB 的数据提供程序	提供对使用 OLE DB 公开的数据源中数据的访问。使用 System.Data.OleDb 命名空间
ODBC 的数据提供程序	提供对使用 ODBC 公开的数据源中数据的访问。使用 System.Data.Odbc 命名空间
EntityClient 的数据提供程序	提供对实体数据模型(EDM)应用程序的数据访问。使用 System.Data.EntityClient 命名空间

如果需要使用其他类型的数据库，就需要到相应数据库提供商的官方网站上获取其.NET 提供程序。例如，要使用 Oracle 数据库，可以访问 www.oracle.com 站点，从其上获取.NET 提供程序 ODP.NET。每一种数据提供程序中都提供可以帮助我们完成具体数据操作的核心对象，如表 8-8 所示。

表 8-8　数据提供程序的核心对象

核心对象	说　　明
Connection	建立与特定数据源的连接
Command	对数据源执行命令
DataReader	从数据源中读取只进且只读的数据流
DataAdapter	使用数据源填充 DataSet 并解决更新
Transaction	将命令登记在数据源处的事务中
CommandBuilder	一个帮助器对象，它自动生成 DataAdapter 的命令属性或从存储过程中派生参数信息，并填充 Command 对象的 Parameters 集合
Parameter	定义命令和存储过程的输入、输出和返回值参数

　　本书中的所有例子都采用的是 SQL Server 数据库，因为我们学习的是 SQL Server 2008 数据库。另外，用于 SQL Server 的.NET Framework 数据提供程序(SqlClient)使用自己的协议与 SQL Server 进行通信。它是轻量的且性能良好，因为它进行了优化，可直接访问 SQL Server，而无需添加 OLE DB 或开放式数据库连接(ODBC)层。

　　2．数据集

　　数据集(DataSet)是 ADO.NET 结构的主要组件，它是从数据源中检索到的数据存放在内存中的缓存，它对于支持 ADO.NET 中的断开连接的分布式数据方案可起到至关重要的作用。DataSet 是数据驻留在内存中的表示形式，不管数据源是什么，它都可提供一致的关系编程模型。它可以用于多种不同的数据源，用于 XML 数据，或用于管理应用程序本地的数据。DataSet 表示包括相关表、约束和表间关系在内的整个数据集。DataSet 所用到的类主要包含在 System.Data 和 System.Data.Common 这两个名称空间中，其名称和说明如表 8-9 所示。

表 8-9　DataSet 所用到的类

类	说　　明
DataSet	表示数据在内存中的缓存，它可以包含一组 DataTable 以及这些表之间的关系
DataTable	表示内存中数据的一个表，它由一个或多个 DataColumn 组成，每个 DataColumn 由一个或多个包含数据的 DataRow 组成
DataRow	表示 DataTable 中的一行数据
DataColumn	表示 DataTable 中列的架构，如名称和数据类型
DataRelation	表示两个 DataTable 对象之间的父/子关系
Constraint	表示可在一个或多个 DataColumn 对象上强制的约束，如唯一值
DataColumnMapping	将数据库中的列名映射到 DataTable 中的列名
DataTableMapping	将数据库中的表名映射到 DataSet 中的 DataTable
DataView	表示用于排序、筛选、搜索、编辑和导航的 DataTable 的自定义视图

对于 DataSet，我们可以将其理解为内存中的数据库，数据通过数据提供程序从数据库中被提取出来后就放置在 DataSet 中，客户端程序可以操作这些数据，同时应用程序和数据库之间的连接就可以断开了。当数据处理完毕后再重新连接服务器并把数据传回数据库。

8.3 Connection

连接对象(Connection)的作用是建立和数据库的连接，在 ADO.NET 中，一切操作皆以连接为基础，就像我们打电话之前要先拨号一样。如果是 SQL Server 数据库，则可以使用 SqlConnection 类；如果是其他类型的数据库，则可以采用 OldDbConnection 类，或者采用其他专用连接类。但是，无论采用哪种类，连接对象都是通过一个字符串来建立与服务器的连接的。下面我们将以 SqlConnection 类为例来学习连接对象。

8.3.1 连接数据库

SqlConnection 类位于 System.Data.SqlClient 名称空间下，因此在使用它之前首先需要在程序中引入该名称空间：

    using System.Data.SqlClient;

接下来我们就可以创建 SqlConnection 类的对象了：

    SqlConnection sqlConn = new SqlConnection();

或

    SqlConnection sqlConn = new SqlConnection(string conStr);

两种方法都可以创建连接对象，但是稍微有点区别。第一种方法只是创建一个连接对象，但是没有提供连接字符串，因此需要在后续程序中提供该字符串后才能够使用。第二种方法在创建对象的时候就已经将连接字符串作为参数传递给了该对象，因此可以直接使用。

连接字符串是 Connection 对象的核心，通过这个字符串连接对象完成和数据库的连接工作。在连接字符串中，我们需要说明所要连接的服务器名称或地址、所要连接的数据库名称以及连接方式等信息。例如，我们要连接音像店管理程序所用到的数据库，就可以这样写：

    string conStr = "server=.;database=MyFilm;uid=sa;pwd=12345;";

在上面的代码中我们创建了一个连接本地服务器上名为 MyFilm 数据库的连接字符串，我们可以看到，连接字符串由被分号隔开的四个部分组成，其作用如下：

(1) server：表示要连接到的数据库服务器。这里我们连接的是本地服务器的默认实例。如果要连接远程服务器，则需要指明服务器名称或 IP 地址。另外，SQL Server 允许在同一台计算机上运行多个不同的数据库服务器实例，如果连接的不是默认实例，则需要指明实例名称，例如 server=dataSer/Test。除了使用 server 外，我们还可以使用 data source 来指定服务器，效果和使用方式与 server 一样。例如，data source= dataSer/Test。

(2) database：标识要连接到的数据库名称。每一个 SQL Server 服务器上都可以存在多个数据库实例，因此需要指明连接到哪个数据库上，这里我们连接的是 MyFilm 这个数据库。和 database 具有相同作用的是 initial catalog。例如，initial catalog=MyFilm。

(3) uid：当我们采用 SQL Server 身份验证方式登录服务器时，就需要通过 uid 提供登录的用户名，该用户名必须是数据库服务器中存在并可以正常登录的，这里我们用的是 sa 这个用户名。和 uid 具有相同效果的是 user id。例如，user id=sa。

(4) pwd：当我们采用 SQL Server 身份验证方式登录服务器时，就需要通过 pwd 提供登录的密码，这里我们的密码是 123456，当然实际开发的时候是不能够这样写的。和 pwd 具有相同效果的是 password。例如，password=123456。

除了采用 SQL Server 身份验证方式登录服务器外，还可以采用 Windows 身份验证方式登录服务器，其连接字符串是：

```
string conStr = "data source=.;initial catalog=MyFilm;integrated security=SSPI;";
```

在这个连接字符串中，原来的 uid 和 pwd 已经被去掉了，取而代之的是 integrated security，其值可以是 SSPI 或者 true，作用就是采用 Windows 身份验证方式连接到数据库。

除了手写连接字符串外，我们还可以通过工具自动生成，其过程如下：

(1) 在 VS2010 中，选择菜单中的"视图(V)"→"服务器资源管理器(V)"菜单项(快捷键为"Ctrl+Alt+S")，打开服务器资源管理器，如图 8-2 所示。

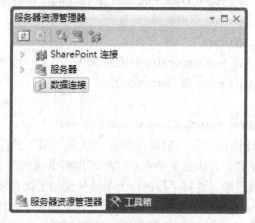

图 8-2　服务器资源管理器

(2) 在打开的服务器资源管理器中，鼠标右键单击"数据连接"，在弹出的菜单中选择"添加连接(A)..."菜单项，如图 8-3 所示。

图 8-3　添加新的数据连接

(3) 在打开的"选择数据源"窗体的左侧，我们可以看到一个数据源列表，列出了系统提供的数据源，我们选择使用"Microsoft SQL Server"数据源。在列表下方的下拉列表中选择相应的数据提供程序，这里我们选择"用于 SQL Server 的.NET Framework 数据提供程序"，然后点击"确定"按钮，如图 8-4 所示。如果要了解其他信息，则在"数据源(S): "列表中选中一个数据源，就可以在它的右侧看到关于该数据源的说明信息。

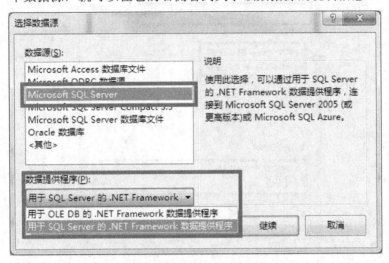

图 8-4　选择数据源窗体

　　(4) 在打开的添加连接窗体中，处于最上方的是"数据源(S):"，这里显示的就是我们刚才所选择的内容，如果需要更改可以点击"更改(C)..."按钮返回到上一步进行更改。在其下方是"服务器名(E):"，可以手动输入服务器名称或者通过下拉列表选择，这里我们连接的是本地服务器，因此输入"."即可。如果需要连接的服务器没有出现在下拉列表中，那么可以点击"刷新(R)"按钮刷新下拉列表。再往下就是登录服务器的方式，可以选择"使用 Windows 身份验证(W)"或"使用 SQL Server 身份验证(Q)"。如果选择前者，那么就是用当前登录到 Windows 的用户信息登录数据库服务器；如果选择后者，则下方的"用户名(U):"和"密码(P):"文本框将被激活，供我们输入登录的用户名和密码。这里我们选择采用 Windows 身份验证方式登录。接下来进入到"选择一个数据库"环节，在这里我们可以通过"选择或输入一个数据库名(D):"这个下拉列表输入或者选择服务器上已经存在的一个数据库，这里我们选择"MyFilm"数据库。如果我们的数据库并不在当前服务器上，而是以数据库文件的方式存放在磁盘中，我们可以选择"附加一个数据库文件(H):"，这时其下方的两个文本框将会被激活，在上面的文本框中我们可以输入主数据库文件的路径和文件名，或者点击"浏览(B)..."按钮选择。下方文本框则可以输入附加数据库的逻辑名称。所有内容都设置完毕后可以点击"测试链接(T)"按钮测试是否可以正常连接到服务器，如果不能够正常连接则需要返回重新设置连接信息；如果测试通过，就可以点击"确定"按钮完成添加，如图 8-5 所示。

　　(5) 回到服务器资源管理器窗体，在其中可以看到我们新添加的连接，展看后可以看到其所包含的内容，如图 8-6 所示。

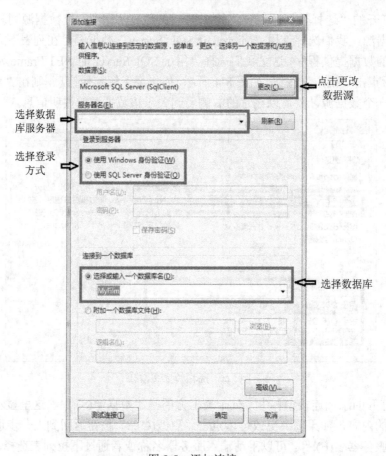

图 8-5　添加连接

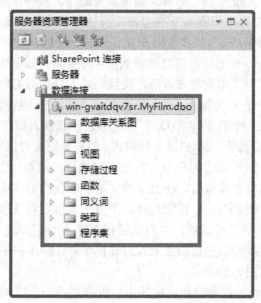

图 8-6　添加完成后的服务器资源管理器

(6) 右键单击该连接，在弹出的菜单中选择"属性(R)"菜单项后打开该连接属性窗体，在该窗体中我们可以看到有一个"连接字符串"的属性，这就是系统根据我们的选择自动生成的连接字符串，双击后复制就可以使用了，如图 8-7 所示。

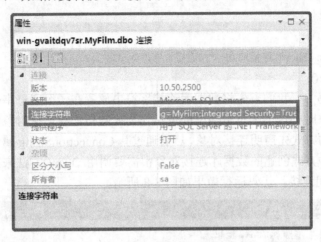

图 8-7　属性窗体

连接对象创建完毕后，就可以通过其属性和方法来完成各种操作，表 8-10 中列出了 Connection 类常用的属性。

表 8-10　Connection 类常用属性

属　性	说　明
ConnectionString	获取或设置用于打开 SQL Server 数据库的字符串
ConnectionTimeout	获取在尝试建立连接时终止尝试并生成错误之前所等待的时间
Database	获取当前数据库或连接打开后要使用的数据库的名称
DataSource	获取要连接的 SQL Server 实例的名称
ServerVersion	获取包含客户端连接的 SQL Server 实例的版本的字符串
State	指示连接的状态

除了属性外，连接对象还提供了很多方法，表 8-11 列出了其常用的方法及其说明。

表 8-11　Connection 类常用方法

方　法	说　明
BeginTransaction()	开始数据库事务
Close()	关闭与数据库的连接。这是关闭任何打开连接的首选方法
Dispose()	释放使用的所有资源
Open()	使用 ConnectionString 所指定的属性设置打开数据库连接

这些方法中最常用的是 Open()和 Close()。Open()方法类似于手机的呼叫按钮，输入号码后要按下呼叫按钮才能够拨出电话。连接对象也是一样，设置了连接字符串后调用 Open()方法才开始真正地和数据库建立连接。当连接使用完毕后一定不要忘记了调用 Close()方法来关闭连接，因为连接是"稀缺"的资源，所以最好确保每个资源使用完毕后立即关闭。

```
string conStr = "data source=.;initial catalog=MyFilm;integrated security=SSPI;";
SqlConnection conn = new SqlConnection(conStr);
```

```
//SqlConnection conn = new SqlConnection();
//conn.ConnectionString = conStr;

conn.Open();
MessageBox.Show("连接成功！", "连接数据库");
conn.Close();
```

在上面的代码中，我们首先将数据库连接字符串放置在一个字符串变量中，接下来声明数据库连接对象时将这个字符串类型的变量作为参数传递给连接对象的构造，也可以采用下面注释起来的方式先声明连接对象，然后通过其 ConnectionString 属性来设置连接字符串。无论采用哪种方式创建的数据库连接对象都需要调用 Open()方法来打开连接，并且调用 Close()方法关闭连接。代码运行效果如图 8-8 所示。

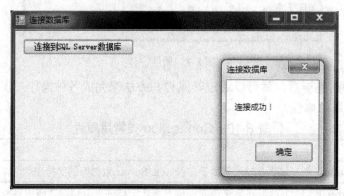

图 8-8　成功连接数据库

8.3.2　配置文件

能够正确连接数据库只是完整使用 Connection 对象的第一步，事实上只要仔细观察上面我们所写的代码就会发现问题：如果服务器或者数据库发生了变化怎么办？因为 Connection 对象和服务器连接的基础就是连接字符串，而在这个字符串中我们需要指出服务器的名称或者地址，还要说明数据库的名称等信息，很显然如果服务器或者数据库发生了变化，那么连接字符串一定也要做出相应的改变，也就是说我们的代码需要跟着变化，这会导致一系列重复的工作：重新测试、重新编译、重新发布等，很显然这样会让我们的开发和维护成本大大增加。

如何解决这个问题呢？方法其实并不复杂，通过刚才的分析我们其实已经找到了问题的根结，即连接字符串。事实上，在上面我们所写的代码中唯一会发生变化的就是这个字符串，那么如果我们将其从我们的程序中"拿走"，那我们的程序就变得和这个字符串无关了。再将被"隔离"出来的字符串放置到一个容易被编辑的地方，然后通过其他方式将其读取到程序中，这样无论连接字符串怎么变化我们的程序都不需要再改变了。

看到这里实际上解决问题的思路已经有了，我们可以将连接字符串放置到一个文本文件中，然后通过文件读取类 StreamReader 将它读取到程序中来使用。这样用户即可方便地编辑字符串，我们的程序也可以在不发生变化的情况下继续使用。

读取文本文件的方式我们已经在前面的章节中学习过了，因此这里介绍另外一种处理方式。配置文件。在.NET 中，配置文件是一种预先定义好的可以按需要更改的 XML(Extensible Markup Language，可扩展标记语言)文件。开发人员可以使用配置文件来更改设置，而不必重编译应用程序。管理员可以使用配置文件来设置策略，以便影响应用程序在计算机上运行的方式。

在 WinForm 中微软已经为我们预定义了一个配置文件，即应用程序配置文件，添加的过程很简单，首先在项目上右键单击，在弹出的菜单中选择"添加(D)"→"新建项(W)…"，如图 8-9 所示。

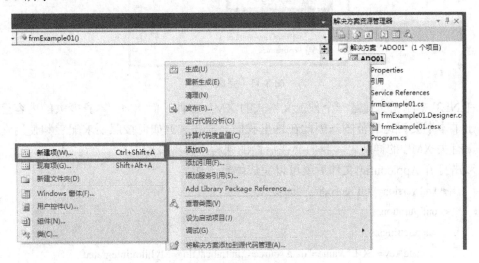

图 8-9　添加新建项

在打开的"添加新项"窗体中选择"应用程序配置文件"，如图 8-10 所示。

图 8-10　添加新项

需要注意的是该文件的名称不能更改，只能是 App.config。在程序生成的时候系统会自动将其改成应用程序的名称，并保存在与应用程序同一目录下。

点击"添加(**A**)"按钮后完成操作，这时可以在解决方案资源管理器中看到新添加的配置文件，如图 8-11 所示。

图 8-11　完成添加

在.NET 中配置文件是一个预定义格式的 XML 文件，而 XML 本身庞大的内容已经远远超出了本书要讨论的范围，因此在这里我们只需要掌握如何按照要求配置和使用它就可以了，有关 XML 的详细内容我们会在后面的课程中详细介绍。

双击打开 App.config 文件后就可以完成编辑工作：

```xml
<?xml version="1.0" encoding="utf-8" ?>
<configuration>
    <appSettings>
        <add key="SQL" value="data source=.;initial catalog=MyFilm;integrated
            security=SSPI;"/>
    </appSettings>
    <connectionStrings>
        <add name="SQL" connectionString="data source=.;initial catalog=MyFilm;integrated
            security=SSPI;" />
    </connectionStrings>
</configuration>
```

在上面的代码中，第一行是 XML 的版本声明和编码方式说明，接下来是整个配置文件的根节点<configuration>，XML 文件要求有且只有一个根节点，其他内容都必须包含在根节点中。在<configuration>节点内部，我们添加了两个配置项，即<appSettings>和<connectionStrings>，这两个配置项都可以完成数据库连接字符串的配置工作，两者任选其一即可，这里为了说明的完整性才将两个配置项都设置了。

对于<appSettings>配置项，我们主要使用的是其<add>子节点，在这个节点中我们需要指定 key 和 value 两个属性。key 指定该配置项的名称，一个<appSettings>可以有很多个<add>子节点，为了能够区分这些子节点，要求其 key 值必须唯一。value 用来设定连接字符串。对于<connectionStrings>配置项，我们也是使用其<add>子节点，其 name 属性和<appSettings>配置项的 key 属性作用一样，要求也一样，connectionString 属性则和 value 属性一样。

配置文件设置完毕后，接下来我们需要在程序中将其读取出来。首先需要添加对

System.Configuration 名称空间的引用，该名称空间的作用就是提供对配置文件操作的类：

　　　　using System.Configuration;

　　如果使用的是<appSettings>配置项，就可以直接在程序中读取使用：

　　　　string conStr = ConfigurationSettings.AppSettings["SQL"];

　　上面代码中我们使用了 ConfigurationSettings 类，其作用是读取配置文件中的内容，我们通过它的 AppSettings 属性访问配置文件的<appSettings>配置项。前面我们讲过，<appSettings>配置项可以有多个<add>子节点，因此在程序中需要指明读取的是哪个节点的内容，方式就是在中括号中写上 key 的值。

　　在实际使用中我们发现上面的代码在 VS2010 中会产生一个警告，原因是从.NET 2.0 之后，相关的操作已经改为由 ConfigurationManager 类来完成，上面的操作方式已经过时了。ConfigurationManager 类提供了对客户端应用程序配置文件的访问，使用它除了需要添加对 System.Configuration 名称空间的引用外，还需要添加对 System.Configuration.dll 程序集的引用，方式并不复杂，首先在我们的项目上右键单击，在弹出的菜单中选择"添加引用(F)…"，或者在项目中的"引用"文件夹上右键单击，在弹出的菜单中选择"添加引用(F)…"，如图 8-12 所示。

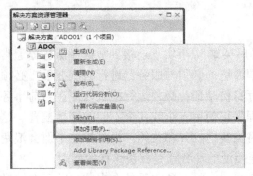

图 8-12　添加引用

　　这时候就会打开添加引用窗体，我们可以看到一个选项卡控件包含有".NET"、"COM"、"项目"、"浏览"和"最近"等 5 个选项卡，这里我们选择".NET"选项卡，在其中的列表中找到"System.Configuration"，然后点击"确定"按钮，如图 8-13 所示。

图 8-13　添加 System.Configuration 程序集

这样我们就可以使用 ConfigurationManager 类来完成对配置文件的读取工作了：

```
//读取<appSettings>配置项
string appStr = ConfigurationManager.AppSettings["SQL"];

//读取<connectionStrings>配置项
string conStr = ConfigurationManager.ConnectionStrings["SQL"].ConnectionString;
```

在上面的代码中我们可以看到，ConfigurationManager 类的使用方式和 ConfigurationSettings 类的使用方式基本一样，都是通过属性来访问配置文件，区别在于 ConfigurationManager 类能够通过 AppSettings 属性和 ConnectionStrings 属性来分别访问 <appSettings>配置项和<connectionStrings>配置项，而 ConfigurationSettings 类则只能够通过 AppSettings 属性访问<appSettings>配置项。

有了配置文件和 ConfigurationManager 类的帮助，我们就可以将连接字符串放置到配置文件中，由于配置文件是纯文本的，因此用户可以借助任何文本编辑器对它进行修改，而我们的程序则可以做到完全和连接字符串无关，这样既保证了连接字符串的灵活性，又减少了我们的工作量。

8.3.3　连接池

连接池是一个经常被初学者忽略的"幕后英雄"，事实上连接到数据库服务器通常由几个需要很长时间的步骤组成：必须建立物理通道；必须与服务器进行初次握手；必须分析连接字符串信息；必须由服务器对连接进行身份验证；必须运行检查以便在当前事务中登记；等等。而在实际开发和应用中，应用程序仅使用一个或几个不同的连接配置。这意味着在执行应用程序期间，许多相同的连接将反复地打开和关闭，很显然这不但会浪费系统资源，也会影响到应用程序的执行效率。连接池的任务就是解决这样的问题。

在 ADO.NET 中，一旦我们使用到了 Connection 对象，系统会自动启动一个池进程来管理我们的连接，这个进程保持所有物理连接的所有权，也就是说所有的 Connection 对象的都归它管。池进程通过为每个给定的连接配置保留一组活动连接来管理连接。每当用户在连接上调用 Open()方法时，池进程就会查找池中可用的连接。如果某个池连接可用，会将该连接返回给调用者，而不是打开新连接。应用程序在该连接上调用 Close()方法时，池进程会将连接返回到活动连接池集中，而不是关闭连接。连接返回到池中之后，即可在下一个 Open()方法调用中重复使用。

这就好像一个小饭馆，每天早上开门营业后，服务员会将座椅板凳从库房里拿出来，摆放在外面供顾客们使用。当一位顾客用餐完毕后服务员不会将它们放回到库房，而是清洁桌面后供下一位顾客使用，这样才能够接待更多个客人。Connection 对象就像是座椅板凳一样，尽量反复使用才能够使效率最大化。

连接池可以显著提高应用程序的性能和可缩放性。默认情况下，在 ADO.NET 将启用连接池。除非显式禁用，否则，在应用程序中打开和关闭连接时，池进程会对连接进行优化。在我们初次打开连接时，系统将根据我们提供的连接字符串先在现有池中查找完全匹配项，如果未找到则会按进程、应用程序域、连接字符串以及 Windows 标识(在使用集成的安全性时)来创建一个新池：

```
SqlConnection connA = new SqlConnection("Integrated Security=SSPI;Initial Catalog=Northwind");
connA.Open();

SqlConnection connB = new SqlConnection("Integrated Security=SSPI;Initial Catalog=pubs");
connB.Open();

SqlConnection connC = new SqlConnection("Integrated Security=SSPI;Initial Catalog=Northwind");
connC.Open();
```

连接池是为每个唯一的连接字符串创建的，因此在上面的代码中我们创建了三个连接对象，但是 connA 和 connC 采用的连接字符串一样，这样系统在管理这些连接对象时就会创建两个连接池。当创建一个池后，将创建多个连接对象并将其添加到该池中，以满足最小池大小的要求。连接根据需要添加到池中，但是不能超过指定的最大池大小(默认值为100)，连接在关闭或断开时释放回池中。在请求 SqlConnection 对象时，如果存在可用的连接，将从池中获取该对象。连接要可用，必须未使用，具有匹配的事务上下文或未与任何事务上下文关联，并且具有与服务器的有效连接。

连接池进程通过在连接释放回池中时重新分配连接，来满足这些连接请求。如果已达到最大池大小且不存在可用的连接，则该请求将会排队。然后，池进程尝试重新建立任何连接，直至到达超时时间(默认值为 15 s)。如果池进程在连接超时之前无法满足请求，将引发异常。

如果连接长时间空闲，或池进程检测到与服务器的连接已断开，连接池进程会将该连接从池中移除。注意，只有在尝试与服务器进行通信之后才能检测到断开的连接。如果发现某连接不再连接到服务器，则会将其标记为无效。无效连接只有在关闭或重新建立后，才会从连接池中移除。

如果存在一个与已消失的服务器的连接，即使连接池进程尚未检测到断开的连接，也可以从池中取出此连接并将连接标记为无效。这种情况是因为检查连接是否仍有效的系统开销将造成与服务器的另一次往返，从而抵消了池进程的优势。发生此情况时，初次尝试使用该连接将检测连接是否曾断开，并引发异常。

Connection 对象通过 ClearAllPools()和 ClearPool()两个方法来清除池。ClearAllPools()将清除给定提供程序的连接池，而 ClearPool()将清除与特定连接相关联的连接池。如果在调用时连接正在使用，将对它们进行相应的标记。连接关闭时，将被丢弃，而不是返回池中。

8.4　异常处理

无论我们的编码技术多么好，工作态度多么认真，程序总是会发生一些错误，尽管这些错误的出现并不总是我们的原因，例如代码没有读取文件的许可，或者连接数据库时数据库服务并没有启动等，这些都是系统设置或者用户使用的问题，但是只要存在这种可能，程序都必须能够处理出现的任何错误。

事实上，只要程序出现了异常，系统都会产生并且反馈相应的错误信息，而我们所要做的就是捕获到这些错误信息，并且让我们的程序通过一个安全的通道退出，并采取相应的应对措施。C#语言为我们提供了最佳的工具，称为异常处理机制。

为了在 C#代码中处理可能的错误情况，一般要把程序的相关部分分成三种不同类型的代码块，其语法格式如下：

```
try
{
        //可能发生异常的程序代码块
}
catch (Exception ex)
{
        //处理异常的代码块，若异常不被处理，则程序将会中止
}
[finally
{
        //是否发生异常，均要执行的代码快
}]
```

try 块包含的代码组成了程序的正常操作部分，但是这部分程序可能会遇到某些严重的错误。catch 块包含的代码处理各种错误情况，这些错误是执行 try 块中的代码时遇到的。这个块还可以用于记录错误。finally 块包含的代码一般为清理资源或执行通常要在 try 块或 catch 块末尾执行的其他操作，例如关闭数据库连接等。无论是否产生异常，都会执行 finally 块，理解这一点非常重要。因为 finally 块包含了应该总是执行的清理代码，如果在 finally 块中放置了 return 语句，编译器就会标记一个错误。finally 块是可选的，如果不需要可以不写。

有了 try 结构，我们就可以将上面连接数据库的代码重新组织一下：

```
SqlConnection conn = new SqlConnection();

try
{
        string conStr = ConfigurationManager.ConnectionStrings["SQL"].ConnectionString;
        conn. ConnectionString = conStr;
        conn.Open();
        MessageBox.Show("连接成功！", "系统提示");
}
catch (Exception ex)
{
        MessageBox.Show(ex.Message, "系统提示");
}
```

```
finally
{
    conn.Close();
}
```

在上面的代码中，我们首先创建了一个 SqlConnection 连接，但是并没有对它做过多的操作，而且也没有将这一行代码放入 try 块中，因为它出错的可能性几乎为零。在 try 中，我们通过 ConfigurationManager 类从配置文件中读取到了连接字符串，然后将其赋给连接对象的 ConnectionString 属性，接下来调用 Open()方法打开连接，如果没有发生异常，则通过一个消息框通知用户。

如果程序发生了异常，则程序会来到 catch 块，在这里我们使用到了 Exception 类，它是我们在进行异常处理过程中经常会用到的一个类。在 C#中，当出现某个异常时，系统就会创建一个 Exception 类型的异常对象，这个对象包含有助于跟踪问题的信息，通过 Message 属性我们就可以查看到这些信息。例如，上面的代码如果发生异常，我们就可以看到它，如图 8-14 所示。

图 8-14 发生异常

实际上，try 结构还有以下几种变体：

(1) 可以省略 finally 块，因为它是可选的。

(2) 可以提供任意多个 catch 块，处理不同类型的错误。但不应该包含过多的 catch 块，以防降低应用程序的性能。

(3) 可以一起省略 catch 块，此时该语法就不是标识异常了，而是确保程序流在离开 try 块后执行 finally 块中的代码。

(4) try 块中的语句不应当过多，因为要进行安全性的检测，过多的语句会降低应用程序的性能。

8.5 using 语句

现在还剩下最后一个问题了：如何确保连接已被关闭？事实上，并不是所有的程序员都会记得 Close()语句，有时候忘记关闭数据库连接可能会导致.NET 可执行程序的各种问题。幸运的是我们还有一个解决的方法：using 语句。这是一个很有用的结构，其作用是自动释放对象所占用的资源：

```
using(创建对象)
{
    //程序代码
}
```

我们可以看到，对象是在 using 语句后的圆括号内被创建的，这样在整个 using 结构中都可以使用到该对象，当执行到 using 结构的末尾时，系统就会自动将该对象所占用的系统资源释放掉。使用这个结构，我们可以将我们的连接对象做最后的修改：

```
string conStr = ConfigurationManager.ConnectionStrings["SQL"].ConnectionString;
using (SqlConnection conn = new SqlConnection(conStr))
{
    try
    {
        conn.Open();
        MessageBox.Show("连接成功！", "连接数据库");
    }
    catch (Exception ex)
    {
        MessageBox.Show(ex.Message, "系统提示");
    }
}
```

在上面的代码中，我们首先还是通过 ConfigurationManager 类从配置文件中将连接字符串读取到程序中，然后在 using 语句中创建了 SqlConnection 对象。我们依然采用了 try 结构，因为 using 只是释放对象，并不能够处理异常，但是我们去掉了 finally 块，因为有了 using 后我们就不需要再调用连接对象的 Close()方法了。

8.6 总结

本章是 ADO.NET 学习的开始，除了要知道 ADO.NET 的历史外，第一个重要的地方就是要理解 ADO.NET 的组成和各个核心组件的大致作用，这是学习后续内容的基础。

在使用 ADO.NET 操作数据库的时候，连接是第一个要完成的工作，只有正确连接到数据库服务器我们才能够做其他操作。本章以 SqlConnection 对象为例，讲解了连接对象的创建过程及其常用的属性和方法。通过对连接池的介绍，我们了解了连接对象更深层次的内容。

一个好的应用程序需要有足够的灵活性、容错性和自清洁能力，在本章我们通过配置文件让连接对象变得更加灵活，通过异常处理让我们的程序具备了一定的容错能力，最后通过 using 让我们的对象具备了自动释放资源的能力。

8.7　上机部分

8.7.1　本次上机总目标

掌握 ADO.NET 的连接。

8.7.2　上机阶段(100 分钟内完成)

1．上机目的

掌握 ADO.NET 的连接。

2．上机要求

创建一个与数据库 MyFilm 的连接。

3．实现步骤

(1) 使用配置文件配置连接字符串，将连接字符串放到配置文件的<connectionStrings>节点中，并从后台代码中读取。

(2) 创建连接对象。

(3) 打开连接。

(4) 使用 using 进行资源的释放。

(5) 进行异常处理。

习题

一、选择题

1．在 ADO.NET 中，下列可以获得只读只进的数据的组件是(　　　)。(选 1 项)

A．DataSet　　　　　　B．Command　　　　　　C．DataReader　　　　　D．DataAdapter

2．Connection 对象是 ADO.NET 中最重要的组件，用于指定连接到所需数据库时需要的详细信息，在使用的连接字符串中(　　　)表示将要连接的数据库名称。(选 1 项)

A．DataBase　　　　　　B．Server　　　　　　C．User Id　　　　　　D．Password

3．用 SqlConnection 连接数据库时，连接字符串中的 Server 表示(　　　)。(选 1 项)

A．数据库　　　　　　B．账号　　　　　　C．密码　　　　　　D．服务器

4．Sql Connection 对象的(　　　)方法用于打开连接。(选 1 项)

A．Close　　　　　　B．DataBase　　　　　　C．Open　　　　　　D．Iitems

5．下列.NET 语句中，(　　　)正确地创建了一个与 SQL Server 2008 数据库的连接。(选 1 项)

A．SqlConnection con1 = new Connection("Data Source = localhost; Integrated Security = SSPI;Initial Catalog = myDB;");

B．SqlConnection con1 = new SqlConnection("Data Source = myDB; Integrated Security = SSPI;Initial Catalog =localhost;");

C．SqlConnection con1 = new SqlConnection("Data Source = localhost; Integrated Security =SSPI; Initial Catalog = myDB;");

D．SqlConnection con1 = new OleDbConnection("Data Source = localhost; Integrated Security= SSPI; Initial Catalog = myDB;");

6．在 ADO.NET 中，下列代码的输出结果是(　　)。(选 1 项)

```
sqlConnection conn = new SqlConnection("data source=pub;uid=bill;pwd=12345;initial
    catalog=Northwind");
Console.WriteLine(conn.ConnectionString);
```

A．pub

B．bill

C．data source=pub;uid=bill;pwd=12345; initial catalog=Northwind

D．Northwind

7．ADO.NET 的两个主要组件是(　　)。(选 1 项)

A．Connection 和 Command

B．DataSet 和.NET Framework 数据提供程序

C．.NET Framework 数据提供程序和 DataAdapter

D．DataAdapter 和 DataSet

8．如果想建立应用程序与数据库的连接，应该使用的对象是(　　)。(选 1 项)

A．Connection   B．Command

C．DataReader   D．DataAdapter

9．下面的代码在执行过程中，注释标注的地方出现了异常，将显示的消息框是(　　)。(选 1 项)。

```
try
{
    //…异常代码
    MessageBox.Show("执行了 try");
}
catch (Exception e)
{
    MessageBox.Show("执行了 catch");
}
finally
{
    MessageBox.Show("执行了 finally");
}
```

A．执行了 catch   B．执行了 catch 执行了 finally

C．执行了 try 执行了 finally   D．执行了 finally

10．以下(　　)可用于判断 SqlConnection 连接对象的连接状态。(选 1 项)

A．State   B．ConnectionState

C．States　　　　　　　　　　　　D．ConnectionString

二、简答题

1. 简要说明 ADO.NET 数据提供程序的核心组件及其作用。

2. 简要说明 ADO.NET 数据集的核心组件及其作用。

3. 简要说明创建 SqlConnection 对象的步骤。

4. 简要说明配置文件的作用。

5. 简要说明 using 语句的作用。

三、代码题

1. 试写出读取配置文件的核心代码。

2. 试写出创建 SqlConnection 对象的核心代码，要求通过配置文件读取连接字符串，能够进行异常处理及自动释放资源。

第9章　ADO.NET(二)

通过 Connection 对象创建了数据库连接后，我们就和数据库之间建立起了操作的通道，接下来就可以向数据库下达各种操作指令了，这个工作主要是由 Command 对象完成的。通过 Command 对象，我们可以对数据库执行 SQL 语句或调用存储过程，可以从数据库获得我们想要的数据，也可以将我们获得的数据存放到数据库中。

本章的基本要求如下：

(1) 掌握 Command 对象的常用属性和方法；

(2) 熟练掌握使用 Command 对象操作数据库的方法；

(3) 熟练掌握 DataReader 对象。

9.1　Command

在 ADO.NET 中，Command 对象是一个非常重要的组成部分，虽然它的功能看起来非常简单：向数据下达操作指令，但是这中间所涉及的内容却非常庞大。我们可以将诸如创建数据库或者查询数据这样的指令以字符串的方式交给 Command 对象执行，也可以通过它直接调用数据库中已经存在的存储过程。Command 对象属于.NET Framework 数据提供程序，不同的数据提供程序有自己的 Command 对象，用于 OLE DB 的是 OleDbCommand 对象，而用于 SQL Server 的就是 SqlCommand 对象，这里我们以 SqlCommand 对象为例来认识 Command 对象。

9.1.1　简介

我们可以通过四种方式来创建 Sqlcommand 对象，如表 9-1 所示。

表 9-1　Sqlcommand 对象构造函数

构　　造	说　　明
SqlCommand()	创建 SqlCommand 类的新实例
SqlCommand(String)	用查询文本创建 SqlCommand 类的新实例
SqlCommand(String,SqlConnection)	创建具有查询文本和连接对象的 SqlCommand 类的新实例
SqlCommand(String,SqlConnection,SqlTransaction)	使用查询文本、连接对象以及事务对象来创建 SqlCommand 类的新实例

一般我们常用的是第三种方式：

```
string conStr = "server=.;initial catalog=MyFilm;integrated security=SSPI;";
```

```
string sql = "select * from Film";

SqlConnection conn = new SqlConnection(conStr);
conn.Open();


SqlCommand cm = new SqlCommand(sql,conn);
```

在上面的代码中，我们首先声明了两个字符串变量，分别用来保存数据库连接字符串和 SQL 查询语句。接下来我们创建了一个 SqlConnection 对象，用来建立数据库连接并通过其 Open()方法打开连接，这一点非常重要，Command 对象在使用的时候需要一个打开的连接，因此在使用 Command 对象之前一定要调用 Connection 对象 Open()方法。最后，我们创建了一个 SqlCommand 对象，并将 SQL 查询语句和 conn 连接对象作为参数传递到 Command 对象的构造中。

现在我们已经有了一个可用的 Command 对象，但是要完成具体的操作，还是要通过其提供的各种属性和方法，下面作详细介绍。

9.1.2 常用属性

作为数据库操作的主要对象，SqlCommand 提供了很多属性来帮助我们完成各种数据库操作，表 9-2 列出了它的常用属性及其说明。

表 9-2 SqlCommand 对象常用属性

属 性	说 明
CommandText	获取或设置要对数据源执行的 Transact-SQL 语句、表名或存储过程
CommandType	获取或设置一个值，该值指示 Command 的操作类型。CommandType 可以是： Text：SQL 文本命令(默认) StoredProcedure：存储过程的名称 TableDirect：表的名称(SqlCommand 不支持)
Connection	获取或设置 SqlCommand 对象所使用的 SqlConnection 对象
Parameters	获取 Sqlcommand 对象的参数
Transaction	获取或设置将在 SqlCommand 对象执行的 SqlTransaction 对象

我们可以采用属性赋值的方式创建 Sqlcommand 对象，虽然代码看起来不太一样，但是效果是一样的：

```
string conStr = "server=.;initial catalog=MyFilm;integrated security=SSPI;";
string sql = "select * from Film";
SqlConnection conn = new SqlConnection(conStr);
conn.Open();


SqlCommand cm = new SqlCommand();
cm.Connection = conn;
cm.CommandText = sql;
```

我们也可以执行存储过程：

```
string conStr = "server=.;initial catalog=MyFilm;integrated security=SSPI;";
string sql = "p_SelectFilm";

SqlConnection conn = new SqlConnection(conStr);
conn.Open();

SqlCommand cm = new SqlCommand();
cm.Connection = conn;
cm.CommandText = sql;
cm.CommandType = CommandType.StoredProcedure;
```

仔细观察会发现执行存储过程和执行 SQL 语句没有太大的区别，只是将 CommandText 属性赋值不再是 SQL 语句而是存储过程的名称，另外需要指定 CommandType 的值为 StoredProcedure。

9.1.3　常用方法

除了常用的属性外，SqlCommand 对象还提供了很多方法，表 9-3 列出了其常用方法及其说明。

表 9-3　SqlCommand 对象常用方法

方　　法	说　　明
ExecuteNonQuery	执行 SQL 语句并返回受影响的行数
ExecuteReader	执行 SQL 语句并返回一个 SqlDataReader 对象
ExecuteScalar	执行 SQL 语句并返回查询结果的第一行第一列的值，忽略其他列或行的值

接下来我们还是以音像店管理程序为例，详细探讨这几个方法的使用。

1．ExecuteNonQuery

ExecuteNonQuery()方法可以执行 SQL 语句并返回受影响的行数，它一般用于执行 Insert、Update 和 Delete 类型的操作，通过对其返回值的判断可以知道执行的结果：

```
string conStr = "server=.;initial catalog=MyFilm;integrated security=SSPI;";
string sql = "insert into FilmType(Name,Desc) ";
sql += "values('国产电视剧','大陆拍摄的电视剧')";

SqlConnection conn = new SqlConnection(conStr);
conn.Open();

SqlCommand cm = new SqlCommand(sql, conn);
int count = cm.ExecuteNonQuery();

if(count > 0)
```

MessageBox.Show("添加成功！");

在上面的代码中，我们依然首先声明了两个字符串变量，一个用来保存数据库连接字符串，另外一个则保存了一条 insert 语句，用来向 FilmType 表添加一条记录。随后是创建 SqlConnection 对象并打开连接，在创建 SqlCommand 对象时，我们将 SQL 语句和 SqlConnection 对象作为参数传递给其构造函数，接下来调用 Command 对象的 ExecuteNonQuery()方法执行 SQL 语句，并将返回值赋给一个整型变量 count，最后通过判断 count 是否大于零可以知道是否成功执行。

2．ExecuteReader

ExecuteReader()方法可以执行 SQL 语句并返回一个 DataReader 对象，返回的对象可以用于遍历返回的记录，该方法一般用于指定 Select 类型的操作：

```
string conStr = "server=.;initial catalog=MyFilm;integrated security=SSPI;";
string sql = "select * from Film";

SqlConnection conn = new SqlConnection(conStr);
conn.Open();

SqlCommand cm = new SqlCommand(sql, conn);
SqlDataReader dr = cm.ExecuteReader();

//DataReader 处理程序
…
```

上面的代码和 ExecuteNonQuery()方法处理代码的处理流程基本上是一样的，同样是两个字符串类型的变量分别保存着连接字符串和 SQL 语句，只不过这里我们将 SQL 语句变成了一个 Select 语句，用于查找所有的电影信息。Command 对象的创建过程也一样，不同之处在于通过调用 ExecuteReader()方法返回了一个 SqlDataReader 对象，有关 DataReader 对象我们会在后面详细介绍，因此这里并没有给出 DataReader 处理程序。

3．ExecuteScalar

ExecuteScalar()方法也可以用来执行 Select 类型的操作，但是它只能返回查询结果首行首列的值，因此该方法一般用于验证类型的操作和聚合操作：

```
string conStr = "server=.;initial catalog=MyFilm;integrated security=SSPI;";
string sql = "select count(*) from Film";

SqlConnection conn = new SqlConnection(conStr);
conn.Open();

SqlCommand cm = new SqlCommand(sql, conn);
int count = (int)cm.ExecuteScalar();
```

MessageBox.Show("共有" + count + "部电影！", "系统提示");

在上面的代码中，其他操作没有什么太大的变化，而 SQL 语句则变成了使用 count() 聚会函数查询电影数量的操作。因为 ExecuteScalar()方法并不能够确认查询的结果是什么类型的值，所以其返回是一个 object 类型的值，我们需要进行一次类型转换，将查询结果转换为整型后才能够输出。这里需要注意一点，ExecuteScalar()方法执行的 SQL 语句也许并不都能够得到我们想要的结果，因此在进行类型转换的时候很容易出错，在使用时尤其需要注意。

9.2　用户注册

我们还是通过制作音像店管理程序来学习 Command 对象。

9.2.1　问题

在音像店管理程序中，用户需要首先注册一个账号才能够使用系统，因此我们就从用户注册开始，其运行界面如图 9-1 所示。

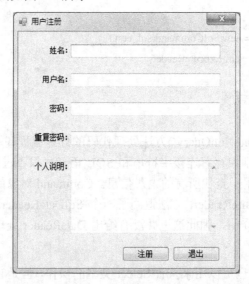

图 9-1　用户注册窗体

针对该窗体，我们有如下需求：

(1) 用户输入的信息必须是完整的，也就是说除了个人说明外，其他信息必须提供。

(2) 必须有完整的信息反馈，也就是说无论用户做什么操作，也无论操作的结果怎样，都必须在系统中有明确和完整的信息反馈给用户。例如，注册成功后需要给用户相应的提示等。

(3) 如果用户注册成功或选择退出，则程序进入到登录页面；如果用户注册失败，则返回到该页面以方便用户继续完成注册工作。

事实上，用户注册的核心操作就是将用户输入的信息保存到数据库中，围绕着这个核心操作还有很多其他操作也需要我们一同完成。

9.2.2 需求分析

1．界面设计

因为该窗体及其所用到的控件在前面的章节中都已经学习过，所以这里不再详细讲解，仅通过表 9-4 简单说明。

表 9-4 界面元素说明

界面元素	类 型	属 性 设 置
窗体	Form	Name：frmUserRegist　　StartPosition：CenterScreen MaximizeBox：False　　MinimizeBox：False FormBorderStyle：FixedSingle　　Text：用户注册
姓名	Label	Name：lblName　　Text：姓名：
用户名	Label	Name：lblUserName　　Text：用户名：
密码	Label	Name：lblPwd　　Text：密码：
重复密码	Label	Name：lblRePwd　　Text：重复密码：
个人说明	Label	Name：lblDesc　　Text：个人说明：
姓名输入框	TextBox	Name：txtName
用户名输入框	TextBox	Name：txtUserName　　MaxLength：8
密码输入框	TextBox	Name：txtPwd　　MaxLength：8 PasswordChar：*
重复密码输入框	TextBox	Name：txtRePwd　　MaxLength：8 PasswordChar：*
个人说明输入框	TextBox	Name：txtDesc　　MultiLine：True ScrollBars：Vertical
注册	Button	Name：btnRegist　　Text：注册
退出	Button	Name：btnExit　　Text：退出

2．信息验证

为了保证进入到数据库的数据是完整的，我们必须进行数据完整性验证。数据验证可以在前端页面完成，也可以在后台程序中完成，甚至可以在数据库中完成。具体采用哪种方式需要根据实际情况来选择，因为每一种方式都有自己的优缺点，具体如下：

(1) 前端验证速度快，实现简单，可以充分利用客户端资源，但是数据在传输的过程中有可能会因为干扰而发生变化，造成数据完整性缺失。

(2) 后台程序验证可以避免数据在传输过程中遇到的干扰问题，但是会占用服务器资源。

(3) 数据库验证可以最大限度地保证数据的完整性，但是会占用数据库，影响到系统的整体执行效率。

在音像店管理程序中我们选择前端验证，这样可以最大限度地使用客户端的资源。验证的过程并不复杂，将数据从相应的控件中提取出来后就可以根据需要进行验证。例如，用户的姓名不能为空，我们就可以这样做：

```
string name = txtName.Text.Trim();

if (string.IsNullOrEmpty(name))
```

```
    {
        MessageBox.Show("用户姓名不能为空！", "系统提示");
        return;
    }
```

在上面的代码中，我们首先通过一个赋值语句将文本框中的数据提取出来后放置到一个字符串变量中，这里用到了 Trim()方法，它的作用是去除字符串两端的空格。用户在录入信息的时候可能会不小心输入一些空格，虽然这种情况很少见，但是我们必须考虑到其发生的可能，如果不做处理就直接放入数据库中，那么将来在进行用户名比对查找时就可能找不到，因为"张飞"和"张飞 "显然是不同的两个字符串。

在后面的 if 结构中我们用到了 string 类的 IsNullOrEmpty()，该方法的作用是判断给定的字符串类型参数时为空或 null。如果该方法返回 true，则说明字符串为 null 或者是个空字符串("")，这明显和系统的要求不相符，因此我们通过一个 MessageBox 给用户明确的反馈，这时程序已经没有继续执行后面操作的必要了，于是使用 return 语句退出当前的执行过程。其他验证过程基本上一样：

```
string name = txtName.Text.Trim();

if (string.IsNullOrEmpty(name))
{
    MessageBox.Show("用户姓名不能为空！", "系统提示");
    return;
}

string uid = txtUserName.Text.Trim();
if (string.IsNullOrEmpty(uid))
{
    MessageBox.Show("用户名不能为空！", "系统提示");
    return;
}

string pwd = txtPwd.Text;
if (string.IsNullOrEmpty(pwd))
{
    MessageBox.Show("密码不能为空！", "系统提示");
    return;
}

string rePwd = txtRePwd.Text;
if (string.IsNullOrEmpty(rePwd))
{
```

```
        MessageBox.Show("重复密码不能为空！ ", "系统提示");
        return;
    }

    if (pwd != rePwd)
    {
        MessageBox.Show("两次密码必须相同！ ", "系统提示");
        return;
    }
```

在上面的代码中只有密码部分稍微发生了一些变化，没有用到 Trim()方法，原因是空格可以作为密码的一部分存在。

3. 保存数据

通过了信息验证之后，我们就可以进行下一步操作：完成注册。也就是将用户输入的数据放入数据库中。事实上，通过前面的学习我们可以发现，要做的就是合成一条 insert 语句，并且交给 Command 对象执行即可：

```
        string sql = "insert into [User]([Name],UserName,[Password],TypeID,[Desc],[State])";
        sql += " values('" + name + "','" + uid + "','" + pwd + "',1,'" + txtDesc.Text + "',0)";

        SqlCommand cm = new SqlCommand(sql, conn);
        int count = cm.ExecuteNonQuery();
```

很显然，操作的难点在于 SQL 语句的合成。首先，整条语句中有多个 SQL Server 中的关键字，例如 User、Password 等，这些关键字都需要放在中括号 "[]" 中，否则执行时将会报错。其次，User 表共有 7 个字段，有些需要用户提供信息，例如 Name、UserName 等，有些则可以直接采用默认值或者已知的值，例如 State、TypeID 等。最后，这些字段的类型不一样，因此在合成语句时尤其要注意单引号 " '' " 的使用。刚开始接触这样的操作很容易产生错误，因此需要多加练习。

9.2.3 MD5 *加密*

整个程序设计到这里似乎已经完成了，但是再仔细观察就会发现还有很多地方不完善。首先，我们的密码是用明码的方式存放在数据库中的，很显然这样一点安全性都没有。

对于这个问题处理起来比较简单，我们只需要将密码进行加密后再存放到数据库中就可以了。具体加密的方式有很多，可以使用现成的加密方式，例如 MD5、SHA 等，也可以自己设计一个加密算法。这里我们采用常见的 MD5 加密方式。首先引入一个新的名称空间：

```
        using System.Security.Cryptography;
```

该名称空间提供加密服务，包括安全的数据编码和解码，以及许多其他操作，例如散列法、随机数字生成和消息身份验证等。然后通过以下代码完成数据加密操作：

```
        MD5CryptoServiceProvider md5 = new MD5CryptoServiceProvider();
        byte[] bytes = System.Text.Encoding.UTF8.GetBytes(pwd);
```

```
        bytes = md5.ComputeHash(bytes);
        pwd = BitConverter.ToString(bytes);
```

在上面的代码中，我们首先创建了一个 **MD5CryptoServiceProvider** 类的对象 md5，该类使用加密服务提供程序(Cryptographic Service Provider，CSP)实现对输入数据的 MD5 加密操作。随后，将用户输入的密码转换成一个 byte[]数组，并且通过 md5 对象的 ComputeHash()方法完成加密操作。最后，再将加密后的 byte[]数组转换成为一个字符串。

整个 MD5 加密是一个复杂的过程，涉及了数据结构和算法的相关知识，其内容已经远远超出本书所讨论的范围，因此这里只提供实现过程，不详细讲解原理，有兴趣的读者可以查阅相关资料进一步学习。

经过上面的操作后，用户输入的密码就会被转换成一个没有意义的字符串，从而达到保密的效果。图 9-2 为 MD5 加密的效果。

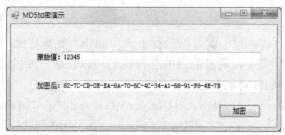

图 9-2　MD5 加密

9.2.4　Parameter

我们面对的第二个问题是我们默认用户都是不懂技术并且遵纪守法的"好用户"，但是如果一个懂技术的用户输入如图 9-3 所示的内容会怎样呢？

图 9-3　SQL 注入

注意"姓名"文本框中输入的内容，将其提取出来后再合成 SQL 语句将得到一条 insert 语句：

```
        insert into [User]([Name],UserName,[Password],TypeID,[Desc],[State])
```

values('tom')--','tom','123',1,'SQL 注入',0)

很显然这是一条无法正确执行的语句，也就是说程序执行到这里就会崩溃，这种问题我们称为 SQL 注入或 SQL 注入攻击。所谓 SQL 注入，就是通过把 SQL 命令插入到提交的信息中，最终达到欺骗服务器执行恶意 SQL 命令的目的。当应用程序使用输入内容来构造动态 SQL 语句以访问数据库时，会发生 SQL 注入攻击。如果应用程序使用特权过高的账户连接数据库，那么这种问题会变得很严重。

防止 SQL 注入的方式有很多，比较常见的是将拼接式的 SQL 语句转换成参数化的 SQL 语句，例如我们可以将上面的 insert 语句改造成这样：

　　　　string sql = "insert into [User]([Name],UserName,[Password],TypeID,[Desc],[State])";

　　　　sql += " values(@name,@userName,@password,1,@desc,0)";

这样改造后，SQL 语句未经过拼装，就不存在 SQL 注入问题，但是如何将用户输入的信息传递到 SQL 语句中呢？我们需要借助一个新的对象 Parameter 来完成这个工作。

Parameter 对象通过提供类型检查和验证，将用户提供的值以命令对象参数的方式递给 SQL 语句或存储过程。与命令文本不同，采用 Parameter 参数输入的值被视为文本值，而不是可执行代码，这样可帮助抵御 SQL 注入攻击。参数化命令还可提高查询执行性能，因为它们可帮助数据库服务器将传入的命令与适当的缓存查询计划进行准确匹配。除具备安全和性能优势外，参数化命令还提供一种用于组织传递到数据源值的更便捷方法。

和其他 ADO.NET 组件一样，Parameter 对象也会根据提供程序的不同分为不同的 Parameter 对象，用于 OLE DB 的是 OleDbParameter 对象，而用于 SQL Server 的是 SqlParameter 对象。这里我们依然以 SqlParameter 对象为例来认识 Parameter 对象。

我们可以通过使用其构造函数来创建 SqlParameter 对象，虽然它提供了 7 个不同的构造函数，但是常用的只有 4 个，如表 9-5 所示。

表 9-5　SqlParameter 常用构造函数

构 造 函 数	说　　明
SqlParameter()	创建 SqlParameter 类的新实例
SqlParameter(String, SqlDbType)	用参数名称和数据类型创建 SqlParameter 类的新实例
SqlParameter(String, Object)	用参数名称和一个值创建 SqlParameter 类的新实例
SqlParameter(String, SqlDbType, Int32)	用参数名称、数据类型和大小创建 SqlParameter 类的新实例

创建好的 SqlParameter 对象需要根据使用构造的不同设置相应的属性，常用属性如表 9-6 所示。

表 9-6　SqlParameter 常用属性

属　　性	说　　明
Direction	获取或设置一个值，该值指示参数是只可输入、只可输出、双向还是存储过程返回值参数
ParameterName	获取或设置参数的名称
Size	获取或设置列中数据的大小
SqlDbType	获取或设置参数的数据类型
Value	获取或设置该参数的值

例如，我们用 SqlParameter 对象来设置上面 SQL 语句中的参数：

```
SqlParameter spName = new SqlParameter();
spName.ParameterName = "@Name";
spName.SqlDbType = SqlDbType.NVarChar;
spName.Size = 16;
spName.Value = name;

SqlParameter spUserName = new SqlParameter("@userName", SqlDbType.NVarChar);
spUserName.Size = 8;
spUserName.Value = uid;

SqlParameter spPassword = new SqlParameter("@password", pwd);

SqlParameter spDesc = new SqlParameter("@desc", SqlDbType.NVarChar, 256);
spDesc.Value = txtDesc.Text;
```

上面我们分别采用四种构造来创建 SqlParameter 对象，可以看到第三种方式最简单，而第一种方式最清晰易懂，具体采用哪种方式并没有具体的限制，可以根据个人喜好选择。不论采用哪种方式创建 SqlParameter 对象，最后都需要添加到 Command 对象的参数列表中：

```
cm.Parameters.Add(spName);
cm.Parameters.Add(spUserName);
cm.Parameters.Add(spPassword);
cm.Parameters.Add(spDesc);
```

这样我们所创建的 SqlParameter 对象才能够和 SqlCommand 对象建立起关系，SqlCommand 对象就可以通过 SqlParameter 对象读取到用户输入的值并完成数据库操作。当然，我们也可对上面的代码进行简化操作，直接通过 SqlCommand 对象 Parameters 属性的 Add()方法来完成：

```
cm.Parameters.Add(new SqlParameter("@name",name));
cm.Parameters.Add(new SqlParameter("@userName", uid));
cm.Parameters.Add(new SqlParameter("@password", pwd));
cm.Parameters.Add(new SqlParameter("@desc", txtDesc.Text));
```

实现的效果是一样的，只不过更加简练一些。

采用 SqlParameter 对象传递参数后，如果我们再次执行图 9-3 所示的 SQL 注入会有什么效果呢？这时候尽管用户在"姓名"文本框中输入的是一个 SQL 命令的一部分，但是 SqlParameter 对象并不会对它做任何解释，而是直接作为一个字符串存入到数据库中，如图 9-4 所示。

	ID	Name	UserName	Password	TypeID	Desc	State
1	1	tom')--	tom	20-2C-B9-62-AC-59-07-5B-96-4B-07-15-2D-23-4B-70	1	SQL注入	0

图 9-4　成功添加数据

虽然这并不能完全让我们满意，但至少面对 SQL 注入我们的程序已经不会再出现崩溃的情况。如果要完全避免 SQL 注入，我们还需要对用户输入的信息进行更加详细和严格的验证，例如对单引号"'"和减号"-"进行验证和转换等。

9.2.5 实现用户注册

在完成了上述一系列的深化处理后，再加上第 1 章中学习到的 Connection 对象的相关知识，我们即可完成用户注册，其运行效果如图 9-5 所示。

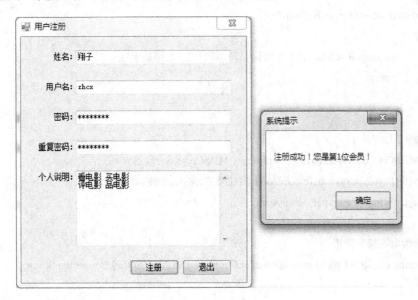

图 9-5 用户注册

完整的用户注册代码如下：

```
//信息验证
if (string.IsNullOrEmpty(txtName.Text.Trim()))
{
    MessageBox.Show("用户姓名不能为空！", "系统提示");
    return;
}
if (string.IsNullOrEmpty(txtUserName.Text.Trim()))
{
    MessageBox.Show("用户名不能为空！", "系统提示");
    return;
}
if (string.IsNullOrEmpty(txtPwd.Text))
{
    MessageBox.Show("密码不能为空！", "系统提示");
    return;
```

```
    }

    if (string.IsNullOrEmpty(txtRePwd.Text))
    {
        MessageBox.Show("重复密码不能为空！", "系统提示");
        return;
    }
    if (txtPwd.Text != txtRePwd.Text)
    {
        MessageBox.Show("两次密码必须相同！", "系统提示");
        return;
    }


    //密码加密
    MD5CryptoServiceProvider md5 = new MD5CryptoServiceProvider();
    byte[] bytes = System.Text.Encoding.UTF8.GetBytes(txtPwd.Text);
    bytes = md5.ComputeHash(bytes);


    //读取连接字符串
    string conStr = ConfigurationManager.ConnectionStrings["SQL"].ConnectionString;


    //完成注册操作
    using (SqlConnection conn = new SqlConnection(conStr))
    {
        //创建 Command 对象
        string sql = "insert into [User]([Name],UserName,Password,TypeID,[Desc],[State])";
        sql += " values(@name,@userName,@password,1,@desc,0)";
        SqlCommand cm = new SqlCommand(sql, conn);


        //设置参数
        cm.Parameters.Add(new SqlParameter("@name", txtName.Text.Trim()));
        cm.Parameters.Add(new SqlParameter("@userName", txtUserName.Text.Trim()));
        cm.Parameters.Add(new SqlParameter("@password", BitConverter.ToString(bytes)));
        cm.Parameters.Add(new SqlParameter("@desc", txtDesc.Text));


        try
        {
            //打开连接并执行操作
            conn.Open();
```

```
        int count = cm.ExecuteNonQuery();
        if (count > 0)
                MessageBox.Show("注册成功！ ", "系统提示");
        else
                MessageBox.Show("注册失败！请检查您的信息后再注册！", "系统提示");
    }
    catch (Exception ex)
    {
            MessageBox.Show(ex.Message, "系统提示");
    }
    finally
    {
            cm.Dispose();
    }
}
```

虽然代码很多，但是大部分代码我们在前面都已经详细讲解过了，这里只是做了一些细微的调整。首先我们不再用变量读取用户输入的值，而是直接访问控件的属性，这样可以减少篇幅。其次，数据库连接字符串改为从配置文件读取。最后，通过 using 结构来管理 Connection 对象。

这里需要注意的是 finally 块中 Command 对象的 Dispose()方法，它用来释放对象所占用的系统资源，尽管我们不做这样的处理系统也会自动回收相应的资源，但是主动完成这个过程效率更高一些。

9.3　DataReader

除了向数据库写入信息外，我们还需要从数据库中读取信息，这个工作 Command 对象无法单独完成，需要 DataReader 对象来配合它才行。

9.3.1　简介

DataReader 对象的作用是以流的方式从数据源读数据，但是在读取的时候它只能够以只进的方式读取，并且一次只能够读取一行数据。比如数据源中有 10 条数据，它就只能够从前往后读取，如果读取了第 5 条数据后再想查看第 1 条数据，就只能重新创建 DataReader 对象。另外，该对象只能读取数据，也就是说是只读的，如果要修改数据，就不能使用 DataReader 对象了。

DataReader 对象的这种读取方式使得它具有了很多有趣的特性。首先，DataReader 对象读取数据的操作是一个持续的过程，因此为它提供连接服务的 Connection 对象就无法再执行其他任何操作，除非将 DataReader 对象关闭，否则这个状态将一直持续。其次，DataReader 对象并不关心数据行的多少，因为它一次只能够读取一行，所以它非常适合进行大数据的读取，这对现在的大型 MIS 系统尤其重要。

DataReader 对象也会根据提供程序的不同而有所区别，用于 OLE DB 的是 OleDbDataReader 对象，而用于 SQL Server 的是 SqlDataReader 对象，这里我们同样以 SqlDataReader 对象为例来学习。

创建 SqlDataReader 对象必须调用 SqlCommand 对象的 ExecuteReader()方法，而不是使用其构造函数，因为它根本就没有定义构造函数：

```
SqlDataReader dr = cm.ExecuteReader();
```

这个时候我们就可以使用 Command 对象来完成 select 类型的操作了。

9.3.2　常用方法和属性

SqlDataReader 对象是一个轻量级的数据读取对象，常用的方法有两个：Read()和 Close()。Read()方法的作用是读取下一条记录，SqlDataReader 对象的默认位置在第一条记录前面。因此，必须调用 Read()方法来开始访问数据。该方法返回一个布尔值，以确定是否还存在数据行。Close()方法则用于关闭 SqlDataReader 对象，对于每个关联的 SqlConnection 对象，一次只能打开一个 SqlDataReader 对象，直到调用其 Close()方法之前，打开另一个的任何尝试都将失败，因此 SqlDataReader 对象在使用完毕后一定不要忘记关闭。

```
while(dr.Read())
{
    //读取数据
}


dr.Close();
```

由于 SqlDataReader 对象一次只能够读取一行数据，因此在使用的时候一般都是和循环结构尤其是 while 循环结构配合使用的，通过 Read()方法就可以确定是否还有数据行读取，而在循环结构结束后关闭 SqlDataReader 对象。

在循环结构中间是读取数据的部分，尽管 SqlDataReader 对象提供了很多用来读取数据的方法，但是我们最常用的还是通过字段下标或字段名称来读取数据：

```
//下标读取
int id = (int)dr[0];
string name = (string)dr[1];
string uid = (string)dr[2];

//字段名称读取
int id = (int)dr["ID"];
string name = (string)dr["Name"];
string uid = (string)dr["UserName"];
```

无论采用哪种方式，中括号"[]"中所使用的下标或者字段名称都是以 SQL 查询语句的执行结果为依据的，因此尽管两种方式的效果是一样的，但是很显然通过字段名称来读取数据更加安全一些。

9.4 用户登录

前面我们已经完成了用户注册的功能，接下来完成用户登录的功能。

9.4.1 问题

几乎所有的 MIS 系统都有用户登录功能，其目的在于拦截非法用户的访问。在我们的音像店管理程序中同样也有用户登录这个功能，其运行效果如图 9-6 所示。

图 9-6 用户登录

尽管窗体看起来比较简单，但是还是有如下需求：

(1) 窗体的起始位置要求在屏幕中央，窗体无法最大化和最小化，也无法改变大小。

(2) 用户名和密码的长度都限制在 8 位或以下。

(3) 点击"登录"按钮或按下"Enter"键后开始验证用户信息，如果成功登录则关闭该窗体后打开主窗体并且将用户信息传递到主窗体，否则清空窗体信息后等待用户再次输入。

(4) 点击"取消"按钮或按下"Esc"键后退出系统。

(5) 点击"注册账户"链接后打开用户注册窗体。

9.4.2 需求分析

1. 界面设计

窗体界面元素如表 9-7 所示。

表 9-7 窗体界面元素说明

界面元素	类型	属 性 设 置
窗体	Form	Name：frmLogin Text：用户登录 StartPosition：CenterScreen MaximizeBox：False MinimizeBox：False FormBorderStyle：FixedSingle AcceptButton：btnLogin CancelButton：btnCancel
用户名	Label	Name：lblUid Text：用户名：
密码	Label	Name：lblPwd Text：密码：

续表

界面元素	类型	属 性 设 置
用户名输入框	TextBox	Name：txtUid　MaxLength：8
密码输入框	TextBox	Name：txtPwd　MaxLength：8 PasswordChar：*
注册账户	LinkLabel	Name：lblRegist　Text：注册账户 LinkArea：0,4
找回密码	LinkLabel	Name：lblFindPwd　Text：找回密码 LinkArea：0,4
登录	Button	Name：btnLogin　Text：登录
取消	Button	Name：btnCancel　Text：取消

2．LinkLabel

LinkLabel 是一个很有趣的控件，从外观来看，尽管在实际操作上它表现为一个超链接的样子，但在实际使用上却和 Label 控件很相似，它的常用属性也是 Name 和 Text，分别用来设定 LinkLabel 控件的名称和文本内容。

但是，不同的外观决定了 LinkLabel 与 Label 之间还是有不同之处。首先 LinkLabel 多了一个 LinkArea 属性，该属性用来获取或设置文本中链接的范围。默认情况下，系统会将 LinkLabel 控件的 Text 属性全部设置为超链接，如果不需要这样设定，则可以在属性窗口中找到 LinkArea 属性，打开 LinkArea 编辑器，如图 9-7 所示。

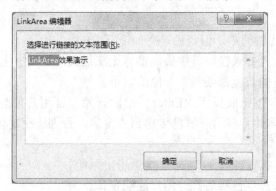

图 9-7　LinkArea 编辑器

打开 LinkArea 编辑器后，默认系统会将整个文本内容设定为选中状态，可以根据需要选择需要设定为超链接的部分，然后点击"确定"按钮，设置前后的效果如图 9-8 所示。

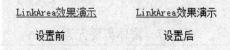

图 9-8　LinkArea 设置效果

另外，既然是超链接，自然是可以被点击的，因此 LinkLabel 控件提供了 LinkClicked 事件，即超链接被点击后所触发的事件。在这个事件的处理程序中我们可以对用户点击超链接做出响应，例如在登录窗体上，如果用户点击了"注册账户"超链接，那么我们就需要将用户注册窗体打开。

3．用户信息验证

在用户输入了自己的用户名和密码后，我们需要将这些信息和数据库中的账户信息进行比较，以确认用户的身份，这个过程需要经过几个步骤来完成。首先我们需要从配置文件中读取连接字符串：

```
//读取连接字符串

string conStr = ConfigurationManager.ConnectionStrings["SQL"].ConnectionString;
```

由于我们存放在数据库中的用户密码是经过加密处理的，因此接下来是对用户输入的密码进行加密，这样才能够对密码进行比对：

```
//密码加密

MD5CryptoServiceProvider md5 = new MD5CryptoServiceProvider();

byte[] bytes = System.Text.Encoding.UTF8.GetBytes(txtPwd.Text);

bytes = md5.ComputeHash(bytes);

string pwd = BitConverter.ToString(bytes);
```

既然要进行数据库操作，那么数据库连接自然是少不了的，这里我们依然使用 using 结构：

```
using (SqlConnection conn = new SqlConnection(conStr))

{

    //验证用户信息

}
```

接下来我们使用 SqlCommand 对象和 SqlDataReader 对象来读取数据：

```
SqlCommand cm = new SqlCommand("select * from [User] where [UserName] = @uid", conn);

cm.Parameters.Add(new SqlParameter("@uid", txtUid.Text.Trim()));


conn.Open();

SqlDataReader dr = cm.ExecuteReader();
```

为了防止 SQL 注入，我们采用了带参数的 SQL 语句，在通过调用 SqlCommand 对象的 ExecuteReader() 创建 SqlDataReader 对象后，我们就可以借助于循环结构来遍历 SqlDataReader 对象：

```
while (dr.Read())

{

    //验证用户信息

    if (pwd == (string)dr["Password"])

    {

        frmFilmList fl = new frmFilmList();

        fl.Show();

        this.Hide();

        return;

    }

    else

    {

        MessageBox.Show("密码错误！请重新输入！", "系统提示");
```

```
                return;
            }
        }
```
　　　　　MessageBox.Show("用户名错误！请重新输入！ ", "系统提示");

　　在循环结构中我们只对密码进行了比对，因为在数据库中用户名是唯一的，所以不需要再对用户名进行比对。如果用户输入的密码和数据库中的密码相匹配，则用户就通过了身份验证，也就是成功登录了，这时候我们就需要跳转到程序的主窗体，即影碟的列表窗体，同时将登录窗体隐藏起来。因此，我们在这里创建了影碟列表窗体的对象，并且调用其 Show()方法打开，然后调用登录窗体的 Hide()方法将其隐藏起来。这里 this 关键字指的就是当前窗体，也就是登录窗体。如果用户未通过验证，则需要根据不同的情况给予用户相应的提示。

9.4.3　对象封装

　　在前面的需求阶段我们曾经提到过，当用户验证通过后，除了打开程序的主窗体外，还需要将用户的信息传递到主窗体中。窗体间的参数传递我们已经在前面的章节中学习过，但是在这里我们需要对这个操作做一些修改。

　　在前面的章节中我们在窗体间传递的都是单值，但是现在需要传递的是一个用户对象，如果还是采用原来的方法，我们的程序就会变得非常冗余，而且无法体现出这些值之间的关系。因此，我们需要将这些值整合起来，作为一个整体进行传递，为此我们需要解决几个问题。

　　首先，我们需要有一个类用来定义用户及其各种不同的属性，这样就可以将用户相关的信息整合到一个对象中，以方便传递。另外，这个类必须在解决方案中定义，这样程序的任何地方都能够访问到它。实现的方式并不复杂，在解决方案上右键单击，在弹出的菜单中选择"添加(D)"→"类(C)..."菜单项，如图 9-9 所示。

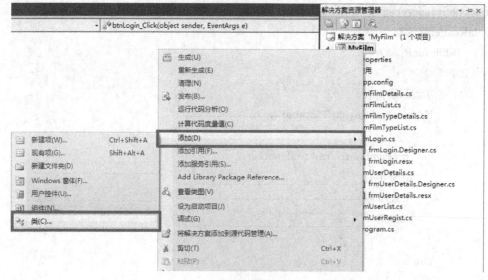

图 9-9　添加类

在打开的"添加新项"对话框中选中"类",在"名称(N):"处输入类的名称,如图 9-10
所示。

图 9-10 添加新项

点击"添加(A)"按钮后,就可以在我们的解决方案中添加一个新类,如图 9-11 所示。

图 9-11 添加一个新类

接下来为这个类添加相应的代码：

```csharp
public class User
{
    //无参构造
    public User() { }

    //带参构造
    public User(int id,string name,string userName,int typeID,string typeName,
    string desc,int state)
    {
        this.ID = id;
        this.Name = name;
        this.UserName = userName;
        this.TypeID = typeID;
        this.TypeName = typeName;
        this.Desc = desc;
        this.State = state;
    }

    //属性定义
    public int ID { get; set; }
    public string Name { get; set; }
    public string UserName { get; set; }
    public int TypeID { get; set; }
    public string TypeName { get; set; }
    public string Desc { get; set; }
    public int State { get; set; }
}
```

这是一个简单的类，包含了 7 个属性用来说明用户信息，两个构造则可以帮助我们创建用户对象。事实上我们会发现 User 类的属性构成和数据库中 User 表的字段基本一样，这是因为两者描述的是同一个对象，但是因为使用的目的不同，两者还是存在细微的差别。例如，User 数据表考虑到数据冗余的问题，所以只包含 TypeID，而 User 类为了使用方便则包含了 TypeID 和 TypeName 两个属性。

有了 User 类我们就可以在程序里将从数据库读取的数据封装成一个用户对象来使用：

```csharp
User user = new User();
user.ID = (int)dr["ID"];
user.Name = (string)dr["Name"];
user.UserName = (string)dr["UserName"];
user.TypeID = (int)dr["TypeID"];
```

```
user.TypeName = (string)dr["TypeName"];
user.Desc = dr["Desc"] as string;
user.State = (int)dr["State"];
```

在上面的代码中我们需要注意对 Desc 属性赋值的过程，它和别的属性不同，采用的是 as 关键字来进行类型转换，它主要用于在兼容的引用类型之间执行某些类型的转换，简单来说就是能转就转，不能转就给个 null。这里之所以采用 as 关键字是因为数据表中 Desc 这个字段可以为空，而 SQL Server 中的空和 C#中的空并不一样，因此如果在数据表中 Desc 这个字段为空，那么采用以前的转换方式可能会出错，而用 as 关键字就能够避免这个问题。

完成了对象封装后就可以制作完整的窗体跳转了：

```
frmFilmList fl = new frmFilmList(user);
```

这里我们依然采用构造的方式将用户对象传递到影碟列表窗体。

9.4.4 实现用户登录

将我们前面学习到的 using 结构和 try 结构添加后，即可完成用户登录：

```
//读取连接字符串
string conStr = ConfigurationManager.ConnectionStrings["SQL"].ConnectionString;

//密码加密
MD5CryptoServiceProvider md5 = new MD5CryptoServiceProvider();
byte[] bytes = System.Text.Encoding.UTF8.GetBytes(txtPwd.Text);
bytes = md5.ComputeHash(bytes);
string pwd = BitConverter.ToString(bytes);

using (SqlConnection conn = new SqlConnection(conStr))
{
//设置 Command 对象
    SqlDataReader dr = null;
    SqlCommand cm = new SqlCommand("select * from vw_User where [UserName] = @uid",
                                        conn);
    cm.Parameters.Add(new SqlParameter("@uid", txtUid.Text.Trim()));

    try
    {
        //打开连接并读取数据
        conn.Open();

        //读取数据
        dr = cm.ExecuteReader();

        while (dr.Read())
```

```
        {
            //验证用户信息
            if (txtUid.Text.Trim() == (string)dr["UserName"])
            {
                if (pwd == (string)dr["Password"])
                {
                    //对象封装
                    User user = new User();
                    user.ID = (int)dr["ID"];
                    user.Name = (string)dr["Name"];
                    user.UserName = (string)dr["UserName"];
                    user.TypeID = (int)dr["TypeID"];
                    user.TypeName = (string)dr["TypeName"];
                    user.Desc = dr["Desc"] as string;
                    user.State = (int)dr["State"];

                    //窗体跳转和传参
                    frmFilmList fl = new frmFilmList(user);
                    fl.Show();
                    this.Hide();
                    return;
                }
                else
                {
                    MessageBox.Show("密码错误！请重新输入！", "系统提示");
                    return;
                }
            }

            MessageBox.Show("用户名错误！请重新输入！", "系统提示");
        }
        catch (Exception ex)
        {
            MessageBox.Show(ex.Message, "系统提示");
        }
        finally
        {
            dr.Close();
```

```
    }
  }
```

在上面的代码中，我们首先从配置文件中将数据库连接字符串读取到程序中，然后通过 MD5 对用户输入的密码进行加密，接下来使用一个 using 结构创建 SqlConnection 对象以确保当程序结束后能够及时关闭它。在 using 结构中，我们声明了一个空的 SqlDataReader 对象，因为如果将它放到 try 结构的 try 块中后，finally 块就无法访问到该对象，所以将它放到 try 结构之外声明。SqlCommand 对象在创建时我们使用的依然是带参数的 SQL 语句，只不过操作的不再是 User 数据表而是一个视图，因为我们的数据需要从 User 和 UserType 两张表中提取。在打开连接和读取数据后，我们将用户数据封装到了一个 User 对象中并完成了窗体的跳转和参数的传递。如果在操作过程中发生任何错误，我们都可以通过 try 结构进行异常捕获，并交给 catch 结构来处理。最后在 finally 结构中关闭了 SqlDataReader 对象。

9.5　总结

本章主要讲解 Command 对象和 DataReader 对象的使用。

Command 对象在 ADO.NET 中承担着向数据库下达命名的功能。在实际应用的过程中，通过它的 CommandText 属性可以设置所要执行的 SQL 语句或者存储过程名称。根据命令类型的不同，需要调用 Command 对象的不同方法。

DataReader 对象是 ADO.NET 中一个轻量级的数据读取对象，它能够通过 Command 对象从数据库读取一个单向只读的数据流。DataReader 对象在执行操作的过程中需要一个持续的连接，对于大数据的读取非常有用。

9.6　上机部分

9.6.1　本次上机课总目标

(1) 掌握 Connection 对象的使用方法；
(2) 掌握 Command 对象的使用方法；
(3) 掌握 DataReader 对象的使用方法。

9.6.2　上机阶段一(25 分钟内完成)

1. 上机目的

(1) 创建数据库和数据表；
(2) 掌握 Connection 对象的使用方法。

2. 上机要求

在大部分的 MIS 系统中都需要包含权限管理的内容，也就是对系统中的用户设定不同的访问权限，用户只能够使用自己权限范围内的功能，而管理员则可以根据实际的需要设定或更改用户所具有的权限。

　　一般来说，权限管理包括角色、用户和功能三个主要对象。角色就是每个用户所具有的身份，例如校长、经理等。用户就是系统中的具体操作者或使用者，例如张飞、Tom 等。功能是用来描述系统中的具体操作功能，例如查看订单、增加学员等。用户属于某一个角色，而角色又和具体的功能链接在一起。例如，经理有使用查看报表这个功能的权限，而张飞属于经理这个角色，因此张飞就可以查看报表。

　　相对来说，权限管理是比较独立的一个部分，而且不同的系统之间差别不是很大，因此我们可以将这一部分单独制作成一个通用的系统。当我们在制作某一个具体的 MIS 系统时，只要将现成的权限管理模块链接到系统中就可以实现权限管理了。

　　从本章开始的上机部分我们将制作一个完整的权限管理系统，通过这个系统我们不但可以了解权限管理的相关业务，还可以熟悉 ADO.NET 各个对象的使用方法。我们所制作的权限管理系统并不复杂，整个系统包括 5 张数据表，分别是用户信息表(User)、角色信息表(Role)、功能信息表(Module)、用户角色关系表(UserRole)和角色功能关系表(RoleModule)。表 9-8～表 9-12 列出了这些数据表的详细说明。本次上机的第一个任务就是按照这些表中的要求创建权限管理用数据库，数据库命名为 Perm。

表 9-8　User 表

字段名称	类　型	长度	说　　　明
UserID	int	4	用户编号 主键 自动增长
UserName	nvarchar	16	用户名 非空 唯一
Password	nvarchar	64	密码 非空
AddedBy	nvarchar	16	添加者
AddedDate	nvarchar	16	添加日期
cName	nvarchar	16	中文名称 非空

表 9-9　Role 表

字段名称	类　型	长度	说　　　明
RoleID	int	4	角色编号 主键 自动增长
RoleName	nvarchar	32	角色名称 非空 唯一
AddedBy	nvarchar	16	添加者
AddedDate	nvarchar	16	添加日期
cDemo	nvarchar	512	角色说明

表 9-10　Module 表

字段名称	类　型	长度	说　　　明
ModuleID	int	4	功能编号 主键 自动增长
cName	nvarchar	64	功能名称 非空
FormName	nvarchar	256	窗体名称
ParentID	int	4	上级功能编号
AddedBy	nvarchar	16	添加者
AddedDate	nvarchar	16	添加日期

表 9-11　UserRole 表

字段名称	类　型	长度	说　　　明
ID	int	4	用户角色编号 主键 自动增长
RoleID	int	4	角色编号 非空
UserID	int	4	用户编号 非空

表 9-12　RoleModule 表

字段名称	类　型	长度	说　　　明
ID	int	4	角色功能编号 主键 自动增长
RoleID	int	4	角色编号 非空
ModuleID	int	4	功能编号 非空
IsAdd	bit	1	是否允许添加操作
IsUpdate	bit	1	是否允许修改操作
IsDelete	bit	1	是否允许删除操作

3．实现步骤

(1) 打开 SQL Server 2008。

(2) 按要求用代码的方式创建 Perm 数据库。

(3) 按要求用代码的方式创建 Perm 下的数据表。

(4) 保存并运行上述代码。

(5) 在 VS2010 中创建 Windows 应用程序 Perm，在默认窗体中编写代码以测试数据库连接。

9.6.3　上机阶段二(35 分钟内完成)

1．上机目的

(1) 掌握 Connection 对象的使用方法；

(2) 掌握 Command 对象的使用方法；

(3) 掌握 DataReader 对象的使用方法。

2．上机要求

和其他的 MIS 系统一样，权限管理在用户进入系统的时候也需要对用户的身份进行验证，因此本次上机的第二个任务是创建登录窗体，其运行效果如图 9-12 所示。

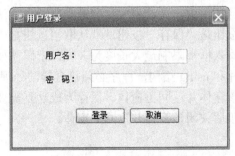

图 9-12　Perm 用户登录

具体要求如下：

(1) 窗体起始位置在屏幕中央，无法最大化和最小化，也无法改变大小。

(2) 窗体的默认确认按钮是"登录"按钮，默认取消按钮是"退出"按钮。

(3) 用户名和密码的输入框都限制最大长度为 8 位。

(4) 登录成功后跳转到主窗体(主窗体在后面的章节中制作)并将用户信息传递到主窗体。

(5) 必须使用配置文件和 using 结构，程序必须包含异常处理和相应的注释。

3. 实现步骤

(1) 在上机阶段一创建的 Perm 项目中添加新窗体 frmLogin，按要求设计窗体。

(2) 在项目中添加配置文件和 System.configuration 程序集，并设置相应的配置信息。

(3) 按要求实现"登录"按钮功能。

(4) 运行并测试效果。

9.6.4 上机阶段三(40 分钟内完成)

1. 上机目的

(1) 掌握 Connection 对象的使用方法；

(2) 掌握 Command 对象的使用方法；

(3) 掌握 DataReader 对象的使用方法。

2. 上机要求

由于权限管理的特殊性，其用户的增加不是通过注册而是需要管理员来完成添加，因此本次上机的第三个任务是在成功登录系统后添加新用户，其运行效果如图 9-13 所示。

图 9-13 添加新用户

具体要求如下：

(1) 窗体起始位置在屏幕中央，无法最大化和最小化，也无法改变大小。

(2) 窗体的默认确认按钮是"保存"按钮，默认取消按钮是"关闭"按钮。

(3) 用户名和密码的输入框都限制最大长度为 8 位，密码需要做加密处理。

(4) 必须使用配置文件和 using 结构，程序必须包含异常处理和相应的注释。

(5) 保存成功后关闭该窗体并返回主窗体，保存为成功则需要给出相应的说明。

(6) 点击"关闭"按钮后关闭该窗体并返回主窗体。

3. 实现步骤

(1) 在 Perm 项目中添加新窗体 frmAddUser，按要求设计窗体。

(2) 在主窗体中添加按钮"增加新用户"，点击后打开 frmAddUser 窗体并将登录用户信息传递到该窗体。

(3) 按要求实现"保存"按钮功能。

(4) 按要求实现"关闭"按钮功能。

(5) 运行并测试效果。

9.6.5　上机作业

(1) 为了防止恶意用户采用"穷举法"强行登录我们的系统，现在需要在登录窗体中记录用户的登录次数，当某个用户连续 5 次未能提供正确的用户名和密码时，系统就会自动关闭。

(2) 在 Perm 系统中，要求用户名必须是唯一的，因此需要我们在添加用户信息前对用户输入的用户名进行一次重复性验证。

(3) 在 Perm 项目的主窗体中增加一个 RichTextBox 控件，将数据库中所有的用户信息读取出来并显示在该控件中，每行显示一个用户，显示方式为：用户姓名(用户名)。

习题

一、选择题

1. Command 属于 ADO.NET 中的(　　)。(选 1 项)

A．数据提供程序　　　　　　　　　　B．数据集

C．以上都是　　　　　　　　　　　　D．以上都不是

2. 在.NET 中可利用 Command 来执行增、删、改、查的 SQL 语句。该说法(　　)。(选 1 项)

A．错　　　　　　　　　　　　　　　B．对

3. Command 对象的(　　)属性可设置 Command 对象要执行命令的类型。(选 1 项)

A．Connection　　　　　　　　　　　B．CommandText

C．CommandType　　　　　　　　　　D．CommandTimeOut

4. 通常使用 Command 对象的(　　)方法来执行删除语句。(选 1 项)

A．ExecuteNonQuery()　　　　　　　B．ExecuteReader()

C．ExecuteScalar()　　　　　　　　　D．以上都可以

5. Command 对象的(　　)方法用于返回结果集中的首行首列。(选 1 项)

A．ExecuteNonQuery()　　　　　　　B．ExecuteReader()

C．ExecuteScalar()　　　　　　　　　D．以上都可以

6. 在 Perm 的数据库中，用户表 User 中有 3 条记录，下列代码执行的结果是(　　)。(选 1 项)

```
static void Main(string[] args)
{
    string connString = "server=.;Initial catalog=Perm;User ID=sa";
```

```
        SqlConnection conn = new SqlConnection(connString)

        string sql = "SELECT COUNT(*) PROM [User]";
        SqlCamnand command = new SqlCommand(sql, conn);

        int num = (int)command.ExecuteScalar();
        Console.WriteLine(num);

        Console.ReadLine();
    }
```

A．输出 1　　　　　　　　　　　B．输出 3

C．编译错误　　　　　　　　　　D．发生异常

7. conn 是一个可用的数据库连接，下列代码在生成解决方案时出错，错误在第(　　)行。(选 1 项)

```
        string sql = "SELECT COUNT(*) FROM Class WHERE gradeid = 1";
        sqlConmand command = new SqlCommand(sql, conn);

        conn.Open();
        int num = comand.ExecuteScalar();

        conn.Close();
```

A．2　　　　　　　B．3　　　　　　　C．4　　　　　　　D．5

8. 数据库 Student 的 StudInfo 表中有两行三列，则下列代码的运行结果是(　　)。(选 1 项)

```
        string str = "Server=;DataBase=student;integrated security=SSPI";
        SqlConnection sqlCon=new SqlConnection(str);
        SqlCon.Open();

        SqlCommand cmd=new SqlCommand("Select stuName from stuInfo",sqlCon);
        sqlDataReader reader=cmd.ExecuteReader();
        Console.WriteLine(reader.FieldCount);
```

A．1　　　　　　　B．2　　　　　　　C．3　　　　　　　D．5

9. 在使用 Command 对象执行一个修改的 SQL 语句之前，连接必须处于打开状态。该说法(　　)。(选 1 项)

A．对　　　　　　　B．错

10. Command 对象的 CommandType 属性可以取以下值，除了(　　)。(选 1 项)

A．Text　　　　　　　　　　　　　B．StoredProcedure

C．TableDirect　　　　　　　　　　D．Default

二、简答题

1. 简要写出 Command 对象的 CommandType 属性的取值及其作用。

2. 简要写出 Command 对象的 ExecuteNonQuery()方法、ExecuteReader()方法和 ExecuteScalar()方法的作用。

3. 简要写出 Parameter 对象的作用。

4. 简要写出 ParameterDirection 的可取值及其作用。

5. 简要写出 DataReader 对象的作用及其特点。

三、代码题

1. 在用户注册时需要对用户名进行唯一性验证，即将用户输入的信息放在数据库中进行检验，以确定是否存在相同的数据，试写出相应的代码。

2. 试写出创建 SqlCommand 对象的核心代码(至少三种方式)。

3. 试编写代码统计电影信息表中影碟的数量、最贵影碟和最便宜影碟的价格及所有影碟的平均价。

第 10 章   ADO.NET(三)

在所有基于数据库的应用系统中，查询是一项非常重要的操作，也是我们软件开发需要重点研究的内容。简单来说查询需要做两件事情：提取数据和展示数据。在 ADO.NET 中 DataAdapter 和 DataSet 这两个组件的主要工作就是提取数据，本章我们将详细了解这两个组件。

本章的基本要求如下：

(1) 熟练掌握 DataAdapter 和 DataSet；

(2) 熟练掌握 List<T>泛型集合；

(3) 熟练掌握数据控件的数据绑定。

10.1   DataSet

数据集(DataSet)是 ADO.NET 的一个重要组成部分，它是数据的脱机容器，承担着数据的中间存储工作。DataSet 并不直接和数据库连接，因此它的数据不一定来源于数据库，而是可以有很多种不同的来源，甚至可以直接从测量设备中读取。

一个 DataSet 是由一组数据表(DataTable)对象组成的，而每个 DataTable 对象又是由若干个 DataColumn 对象和 DataRow 对象组成的，如图 10-1 所示。

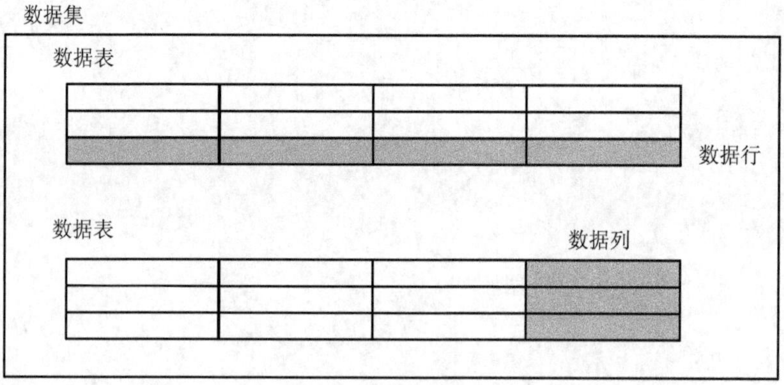

数据集
```
数据表
┌─────────────────────────────────────────┐
│ │ │ │ │
├─────────────────────────────────────────┤
│░░░░░░░░░░░░░░░░░░░░░░░░░░░░░░░░░░░░░░░░░░░│ ◄── 数据行
└─────────────────────────────────────────┘

数据表                          数据列
┌─────────────────────────────────────────┐
│ │ │ │░░░░░│
├─────────────────────────────────────────┤
│ │ │ │░░░░░│
└─────────────────────────────────────────┘
```

图 10-1   DataSet 结构

我们可以看到其结构和数据库中的数据表非常相似。除了定义数据外，还可以在 DataSet 中定义表之间的链接，即我们在数据库中常用的到主/从表。DataSet 及其常用对象的说明如表 10-1 所示。

表 10-1 DataSet 常用对象

对象	说 明
DataSet	表示数据在内存中的缓存
DataTable	表示内存中数据的一个表
DataColumn	表示 DataTable 中列的架构
DataRow	表示 DataTable 中的一行数据
DataRelation	表示两个 DataTable 对象之间的父/子关系
DataView	表示用于排序、筛选、搜索、编辑和导航的 DataTable 的自定义视图

我们可以直接通过构造来创建 DataSet 对象：

DataSet ds = new DataSet();

DataSet ds = new DataSet("myds");

上面我们分别采用 DataSet 的两个构造来创建对象，两种方式没有太大的区别，只不过第二种方式 DataSet 对象多了一个 "myds" 的别称而已。

和数据库一样，DataSet 对象本身并不能够存储数据，真正承担这个工作的是 DataTable 对象，接下来我们来了解 DataTable 对象。

数据表(DataTable)非常类似于 SQL Server 2008 中的数据库表，它是由一组包含特定属性的列组成的，可能包含 0 行或多行数据。和数据库表一样，DataTable 也可以定义由一个列或者多个列组成的主键，列上也可以包含约束。这些信息对应的通用术语称为 DataTable 的"架构"。整个 DataTable 可以访问的对象如图 10-2 所示。

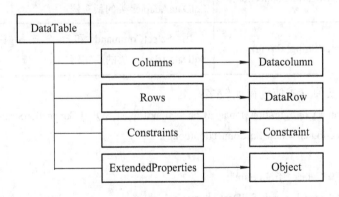

图 10-2 DataTable 可访问对象

在 C#中，创建 DataTable 对象可以有两种方式：

DataTable dt1 = new DataTable();

DataTable dt2 = new DataTable("myTab");

两种方式没有本质上的区别，只不过 dt2 对象在具体使用时会更加方便一些。当然现在 DataTable 对象依然无法存储数据，因为它还没有结构，要设定 DataTable 的结构，我们需要用到 DataColumn 对象。

10.2　架构的生成

任何一个 DataSet 在使用的时候都需要设置 DataTable 的结构，在 C#中创建 DataTable 结构的方式有很多种，我们常用的有两种：编写代码来创建表或者让运行库来自动生成。

在 ADO.NET 中，DataAdapter(数据适配器)的作用是检索和保存数据，在使用的过程中它一般都是与 Connection 对象和 Command 对象一起使用，以便连接到相应的数据库并完成指定的操作。另一方面，DataAdapter 对象本身并不具备保存数据的能力，因此它又需要和 DataSet 对象配合使用，才能够临时存储数据，并提供操作数据的接口。

DataAdapter 无疑是 ADO.NET 中一个非常特殊的对象，它就像一座桥梁，一头连接着存储数据的数据库，另一头则连接着作为临时数据存储对象的 DataSet。它能够根据 SQL 语句从数据库中提取数据，也能够将更改后的数据更新到数据库中。

DataAdapter 对象属于.NET Framework 数据提供程序，不同的数据提供程序有自己的 DataAdapter 对象，用于 OLE DB 的是 OleDbDataAdapter 对象，而用于 SQL Server 的是 SqlDataAdapter 对象，这里我们以 SqlDataAdapter 对象为例来认识 DataAdapter 对象。

我们可通过四种方式来创建 SqlDataAdapter 对象，如表 10-4 所示。

表 10-4　创建 SqlDataAdapter 对象

构　　造	说　　明
SqlDataAdapter()	创建一个 SqlDataAdapter 类的新实例
SqlDataAdapter(SqlCommand)	用指定的 SqlCommand 创建 SqlDataAdapter 类的新实例
SqlDataAdapter(string, SqlConnection)	用 SelectCommand 和 SqlConnection 对象创建一个 SqlDataAdapter 类的新实例
SqlDataAdapter(String, String)	用 SelectCommand 和一个连接字符串创建一个 SqlDataAdapter 类的新实例

一般来说第三种方式使用得比较多：

```
string conn = ConfigurationManager.ConnectionStrings["SQL"].ConnectionString;
SqlConnection cn = new SqlConnection(conn);

string sql = "select * from Film";
SqlDataAdapter da = new SqlDataAdapter(sql, cn);
```

在上面的代码中我们首先还是要创建一个 SqlConnection 对象，因为在 ADO.NET 中一切操作都是以连接为基础，然后创建一个 SqlDataReader 对象，并且将一个 Select 查询语句和已经创建好的 SqlConnection 对象作为参数传递到它的构造函数中。

创建了 SqlDataAdapter 对象后，我们就可以使用其提供的属性和方法来完成需要的操作。我们常用到的方法有两个：

● Fill()：使用 SELECT 语句从数据源中检索数据。

● Update()：使用 SQL 语句将数据集中的数据更新到数据源。

当我们需要从数据库中检索数据时，可以使用 Fill()方法，这时与 Select 命令关联的 SqlConnection 对象必须有效，但不需要将其打开。如果调用 Fill()方法之前 SqlConnection 已关闭，则将其打开以检索数据，然后再将其关闭。如果调用 Fill()方法之前连接已打开，则它将保持打开状态：

```
string sql = "select * from [User]";
SqlDataAdapter da = new SqlDataAdapter(sql,cn);
DataSet ds = new DataSet();
da.Fill(ds);
```

在上面的代码中我们创建了一个 SqlDataAdapter 对象，并且通过一条查询语句从数据库中查询数据，然后将结果使用 Fill()方法填充到一个数据集对象中。如果在填充数据时遇到错误或异常，则错误发生之前添加的行将保留在数据集中，操作的剩余部分被中止。如果命令不返回任何行，则不向数据集中添加表，也不引发异常。

在实际应用中，DataAdapter 对象多用于查询类型的操作，虽然它也具有其他类型数据操作的能力，但是由于其本身缺乏对数据完整性的验证能力，因此其他类型的操作我们多是借助于 Command 对象来完成的。

在大部分程序中，数据集在使用的时候都是通过 DataAdapter 对象来填充的。通过 DataAdapter 对象的 Fill()方法，我们可以将数据源中的数据一次性地填充到数据集中，这个时候数据集的结构和内容都由系统帮助我们自动生成。

填充数据集有多种不同的方式，最直接的方式是不做任何设定，一切由系统来决定：

```
string conn = ConfigurationManager.ConnectionStrings["SQL"].ConnectionString;
SqlConnection cn = new SqlConnection(conn);

string sql = "select * from Film";

SqlDataAdapter da = new SqlDataAdapter(sql,cn);
DataSet ds = new DataSet();

da.Fill(ds);
```

上面的代码我们没有做任何其他的设置，仅仅是连接数据库后读取 Film 数据表中的所有数据，然后通过 DataAdapter 对象的 Fill()方法将读取的数据填充到一个数据集中。因为我们只提供了一些对象，所以这个时候数据集中将由系统自动创建一个名为"Table"的 DataTable 对象，而它的结构则由我们的查询语句来决定。例如，我们这里是查询 Film 表中的所有信息，因此"Table"表的字段就是数据库中 Film 数据表的所有字段，而"Table"表的数据则和 Film 数据表的数据一样。后续我们使用这个数据集的时候就只能这样访问 DataTable：

```
ds.Table["Table"]
```

或者通过索引访问：

```
ds.Table[0]
```

很显然，上面的代码虽然能够完成任务，但是不确定和不安全的地方太多了，因此我们还需要将程序写得更加准确些：

　　　　SqlDataAdapter da = new SqlDataAdapter(sql,cn);

　　　　da.Fill(ds, "MyFilm");

这一次我们将程序做了一点微调，在调用 DataAdapter 对象的 Fill()方法时，我们不但传递了数据集对象，同时还给了第二个字符串类型的参数"MyFilm"，这个参数的作用是在进行数据填充的时候，将系统自动创建的 DataTable 对象命名为"MyFilm"，这样在后续使用时就可以这样写：

　　　　ds.Table["MyFilm"]

　　相对第一段代码，这次的程序显得更加精确，但是依然存在问题，主要是访问起来比较麻烦，每次都要通过数据集定位到 DataTable，然后才能够访问行和列，因此我们可以将程序再次进行修改：

　　　　SqlDataAdapter da = new SqlDataAdapter(sql,cn);

　　　　DataTable dt = new DataTable();

　　　　da.Fill(dt);

这次程序中找不到 DataSet 对象了，取而代之的是一个 DataTable 对象，这也是我们在实际开发中经常会用到的一种方式，道理很简单，既然数据集的数据是存放在 DataTable 对象中的，那我们就可以绕过数据集而直接使用 DataTable 对象来操作数据，当然这样一来我们就无法再通过数据集来管理 DataTable 之间的关系了。

　　三种数据集填充方式在实际使用的过程中没有太大的区别，具体采用哪种方式还是要根据实际开发的情况以及个人的使用习惯来定。

10.3　List<T>泛型集合

　　DataSet 虽然在数据读取方面比较方便快捷，但因为它存储的不仅仅是数据，还有数据表的关系。在日常数据使用时，有时候根本用不到这些，只是单纯地使用数据本身。所以，我们接下来介绍另外一种数据读取的方式：List<T>泛型类。

　　在上一章，我们已经接触到了实体类，比如 User 表封装创建的 User 类。而每一个类的实例对象代表的应该是表的一行数据。如果我们读取的是多行数据，那么一个对象是不够用的。也就是说，我们有多少条记录，实际上也需要多少个对象，但这么多对象我们不可能分散来管理。那么我们用什么来管理多个共同的对象？

　　实际上，我们可以用数组来管理多个共同的对象，但是数组有个缺点，即必须在定义的时候就设定好它的长度，而一个表的数据是不会固定记录数的，会随时添加和删除，这时用数组就不方便了，所以，我们应该用另外一种类型的数据——集合来管理多条记录。

10.3.1　List 定义

　　集合的具体介绍详见 C#高级编程的有关教材，下面要介绍的是集合中用得非常广泛的一种：List<T>。

　　我们首先来看一下它的语法：

```
List<T> list = new List<T>();
```

这是一个泛型集合类，重点在于它里面的类型参数：T。

　　T 本身没有具体含义，它只是类似于占位符一般的存在。它可以是任何类，如果你想创建一个 User 实体对象的集合，那么，将 T 改成 User 就行了。在实际运用中，语法如下：

```
List<User> list = new List<User>();
```

10.3.2　数据读取

　　光有对象是不够的，List 的作用是获取数据库中的数据，作为数据源来使用。但是如何将数据表中的数据放到 List 对象中呢？下面的代码是整个过程。

　　首先，创建表的实体类，我们要将用户表(User)的数据读取出来，先创建 User 类：

```
public class User
{
    //属性定义
    public int ID { get; set; }
    public string Name { get; set; }
    public string UserName { get; set; }
    public int TypeID { get; set; }
    public string TypeName { get; set; }
    public string Desc { get; set; }
    public int State { get; set; }
}
```

接下来，使用 SqlDataReader 对象读取数据：

```
string conStr = "server=.;initial catalog=MyFilm;integrated security=SSPI;";
string sql = "select * from User";

SqlConnection conn = new SqlConnection(conStr);
conn.Open();

SqlCommand cm = new SqlCommand(sql, conn);
SqlDataReader dr = cm.ExecuteReader();
List<User> modelList = new List<User>();      //创建 List 泛型集合对象
User model = null;                            //在循环外部创建 User 对象，但不用实例化

while(dr.Read())
{
model = new User();                           //每一次循环读取数据时，实例化该对象
model. ID = int.Parse(dr["ID"].ToString());   //将当前行的 ID 字段数据赋值给对象 ID 属性
model. Name = dr["Name"].ToString();
model. UserName = dr["Name"].ToString();
```

```
model. TypeID = int.Parse(dr["TypeID"].ToString());

model. TypeName = dr["Name"].ToString();

model. Desc = dr["Name"].ToString();

model. State = int.Parse(dr["State"].ToString());

modelList.Add(model);                    //最后一定要记得将实体对象添加到集合中

}

dr.Close();                              //一定要记得在读取完数据后关掉阅读器

conn.Close();
```

当执行完上述操作后，这个集合中就获得了查询语句所查询出来的所有数据了。

10.4　数据展示

当我们完成了数据读取和填充之后，接下来就需要将数据展示在用户的面前。在 WinForm 中几乎所有的控件都可以用来展示数据，但是就开发来说我们常用的也就几种方式。

10.4.1　简单控件

对于 DataSet 来说，最直接的操作就是用简单控件来显示其中的数据，当然在这之前我们要知道如何读取它的值。最常见的就是读取 DataSet 中数据表的某行或者某列的值，甚至可能会精确到某一个单元格的值。例如，用户希望查看数据表中第二部电影的信息，那么我们的程序就可以这样写：

```
string name = (string)ds.Tables["Film"].Rows[1]["Name"];

string addedBy = (string)ds.Tables["Film"].Rows[1]["AddedBy"];

string actor = (string)ds.Tables["Film"].Rows[1]["Actors"];

string desc = (string)ds.Tables["Film"].Rows[1]["Desc"];


MessageBox.Show("影片" + name + "是由" + actor + "主演! \ny 影片简介： " + desc);
```

上面的代码可以访问表中的一行数据，如果需要访问表中所有行的数据，则需要再增加一个循环结构：

```
foreach (DataRow dr in ds.Tables["myTab"].Rows)

{

    //读取数据

}
```

事实上，如果是这种逐行读取数据的操作则 DataReader 对象是更加合适的对象，因为它消耗的系统资源更少，速度也更快一些。DataSet 的主要用途在于更全面地展示数据。

知道了如何读取数据后，接下来使用简单控件呈现数据的工作就很简单了：

```
txtName.Text = (string)ds.Tables["Film"].Rows[0]["Name"];

txtActors.Text = (string)ds.Tables["Film"].Rows[0]["Actors"];
```

```
txtPrice.Text = ds.Tables["Film"].Rows[0]["Price"].ToString();

txtDesc.Text = (string)ds.Tables["Film"].Rows[0]["Desc"];
```

上面的代码依然是从数据集中读取数据，只不过读取的数据不再使用变量，而是直接使用三个 TextBox 控件和一个 RichTextBox 控件来呈现数据。只不过这种方式只能够读取一行数据，如果需要一次性展示更多的信息则还需要借助于其他的控件。

我们曾用 DataSet 来读取数据，那么 List<T>是怎么读取数据的呢？同样的案例，我们用泛型集合来演示一次。

假设读取数据的泛型集合类为 List<Film>，对象名称为 modelList，同样读取第二行数据：

```
string name = modelList[1].Name;

string addedBy = modelList[1].AddedBy;
```

其余的值依此类推，可见相比较 DataSet 来讲，List<Film>要简单方便。

想要读取所有的数据，也可以用循环遍历来实现：

```
foreach (Film model in modelList)

{

//依上例读取数据

string name = model.Name;

…

}
```

控件的数据读取依上例所示即可。

10.4.2 列表控件

列表类型的控件是系统开发过程中经常会用到的控件，在之前我们用到这类控件的时候，其选择项大多是直接设定好的固定内容，是否可以让它们从数据集中动态地获取选择内容呢？

要实现这个操作本身并不复杂，我们知道列表类型的控件其选择项都是在 Items 属性中保存的，因此只要能够将数据集中的数据"放置"到 Items 属性中就可以了。问题在于 Items 属性中的每一个选择项都是由 Text 和 Value 这两个值构成的，因此我们要做的工作就是将数据表的列和这两个值对应起来：

```
comboBox1.DropDownStyle = ComboBoxStyle.DropDownList;

comboBox1.DisplayMember = "Name";

comboBox1.ValueMember = "ID";

comboBox1.DataSource = ds.Tables["Film"];
```

在上面的代码中我们设定了 ComboBox 控件的四个属性。DropDownStyle 属性用来设定其显示方式，我们设定为 ComboBoxStyle.DropDownList，这样该组合框控件就只能够选择而不能够输入信息。DisplayMember 属性用来设定每一个 Item 选择项的 Text 属性所对应的列名，这个列名必须是数据表中存在的列。ValueMember 属性则是用来设定每一个 Item 选择项的 Value 属性所对应的列名，同样该列必须是数据表中存在的列，如果在程序中没有设定 ValueMember 属性，则 Item 选择项的 Value 属性值就会和 Text 属性值相同。最后我们设定了组合框控件的 DataSource 属性，也就是数据源属性，这样系统就会自动在 DataSource 所指定的数据源中查找相应的列，并将这些列的值一次性填充到组合框中，从而形成选择项。其运行效果如图 10-3 所示。

图 10-3　使用 ComboBox 控件显示数据

其他类型列表控件的使用方式和 ComboBox 控件是一样的，这里不再重复介绍。需要注意一点：如果设置了 DataSource 属性，则无法再修改选择项。

同样，上例也用的是 DataSet 数据源，如果是 List 集合，则只需要把最后一句代码的数据源替换即可：

comboBox1.DataSource = modelList;　　　　//记住，这里的值为整个泛型集合对象

从这里开始，后面的数据源将直接使用泛型集合，而不再使用 DataSet 了。

如何知道用户所选择的内容呢？这里我们可以通过两个简单的属性取得用户选择的信息：

int id = (int)comboBox1.SelectedValue;

string name = comboBox1.Text;

MessageBox.Show("电影《" + name + "》的编号是：" + id);

组合框的 SelectedValue 属性可以取得用户选择项的 Value 属性值，而 Text 属性则可以取得用户选择项的 Text 属性的值。这里很容易产生一个疑问：为什么一个选择项要设定 Text 和 Value 这两个属性值？这是因为在实际使用中，难免会出现重复的数据。例如，如果数据库中存在两部同名的电影，那么我们如何知道用户选择的究竟是哪一部电影呢？很显然单凭 Text 属性根本无法做判断，这时候如果我们在 Value 属性中保存了电影的编号，那么就可以很容易地知道用户的选择。

因为之前的数据是通过属性绑定到控件的，我们通过上面的内容可以得到显示和隐藏的值，但实际上我们可以通过它的 SelectedItem 属性得到当前选定项所绑定的整个对象：

Film model = (Film)comboBox1.SelectedItem;

MessageBox.Show("电影《" + model.Name + "》的编号是：" + model.Id);

如果是多选我们该如何操作呢？对于像 ListBox 这样的多选类型的控件，其数据显示部分的操作和 ComboBox 控件一样，也就是说我们将前面代码中的 ComboBox 换成 ListBox 控件就可以了：

```
listBox1.SelectionMode = SelectionMode.MultiExtended;
listBox1.DisplayMember = "Name";
listBox1.ValueMember = "ID";
listBox1.DataSource = modelList;
```

其运行效果如图 10-4 所示。

相对于 ComboBox 控件 ListBox 控件的读取相对来说复杂一些，根据 DataSource 所设定的数据源类型不同，其读取方式也会有一些细微的差别，其读取方式为

图 10-4　使用 ListBox 控件显示数据

```
string str = "选中的电影：";
for (int i = 0; i < listBox1.SelectedItems.Count; i++)
{
    Film model = (Film)listBox1.SelectedItems[i];
    str += "\n 电影名称：" + model.Name; //如果能读取到 Name，则其他的属性也能够得到
}
MessageBox.Show(str);
```

上面代码的运行效果如图 10-5 所示。

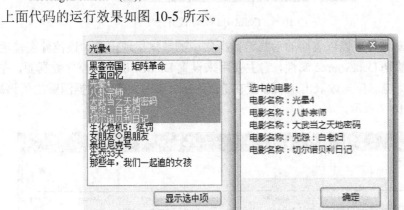

图 10-5　ListBox 多选效果

10.4.3　DataGridView

列表类型的控件在使用的时候虽然能够一次性呈现很多行数据的信息，但是只能够显示数据表中的某一列，如果要呈现数据的全貌，还是要借助于更加大型的控件，这其中最常用的就是 DataGridView。

DataGridView 控件是 WinForm 中经常使用到的一个用于呈现数据的大型控件，它能够以表格的形式将数据集中的数据表完整地呈现出来，同时还支持根据用户的需要进行各种不同的设置。

使用 DataGridView 控件时，可以在工具箱的"数据"选项卡中找到它并将其放置到窗体中，如图 10-6 所示。将 DataGridView 控件添加到窗体上后，我们只需要一行代码就可以将刚才创建的泛型集合在该控件上呈现出来：

dataGridView1.DataSource = modelList;

图 10-6　DataGridView 控件

DataGridView 控件可以以表格的形式将数据集中的数据呈现出来，该控件在使用的时候最重要的属性就是 DataSource 属性，它主要用来设置 DataGridView 控件数据源，在上面的代码中我们就将电影信息读取出来后放置在 DataSet 对象中并作为数据源赋给了该属性。其运行效果如图 10-7 所示。

	ID	Name	AddedBy	TypeID	Actors	Amount
▶	1	黑客帝国：矩…	admin	1	安迪·华超斯…	20
	2	全面回忆	admin	1	伦·怀斯曼、…	20
	3	光晕4	admin	1	斯特瓦特·亨…	20
	4	八卦宗师	admin	2	陈树楷、梁小龙	40
	5	大武当之天地…	admin	2	赵文卓、杨幂	50
	6	咒怨：白老妇	admin	3	南明奈、铃木…	10
	7	切尔诺贝利日记	admin	3	杰西·麦卡尼…	30
	8	生化危机5：惩罚	admin	3	保罗·安德森…	32
	9	女朋友○男朋友	admin	4	桂纶镁、张孝…	20
	10	泰坦尼克号	admin	4	莱昂纳多·迪…	20
	11	失恋33天	admin	4	文章、白百何	30
	12	那些年，我们…	admin	4	柯震东、陈妍希	30

图 10-7　使用 DataGridView 控件展示数据

当然，数据是出来了，但是和实际使用差别太大了，根本就不具备可用性。首先，我们并不需要将所有的字段都展示出来，像 ID 这样的字段根本就不需要用户知道它的存在。其次，列名用英文并没有问题，但是这里却使用的是字段名称，从而将我们的数据结构暴露了出来，这样甚至会威胁到整个系统的安全。

事实上，上面的问题总结起来就是一点，即需要 DataGridView 控件按照我们设定的方式显示数据，这就要设置 DataGridView 控件列，我们可以打开 DataGridView 控件的智能选项卡，然后点击"编辑列"来完成，如图 10-8 所示。

也可以在 DataGridView 控件的属性列表中来完成，如图 10-9 所示。

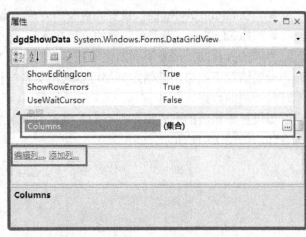

图 10-8　打开 DataGridView 控件的列编辑器　　　图 10-9　DataGridView 控件的属性列表

无论采用哪种方式，我们都可以打开 DataGridView 控件的列编辑器，如图 10-10 所示。

图 10-10　DataGridView 控件列编辑器

在列编辑器的左侧是一个列表框，这里列出了当前 DataGridView 控件中已经添加的列对象，我们可以看到这里有四个列。选中某一个列后，在窗体的右侧可以看到一个属性列表，这当中列出了当前选中列对象的一些常用属性。在这些属性中，常用的有以下几个：

● Name：列对象的名称，在程序中必须保证唯一。在命名时一般采用 col 作为前缀，例如 colName。

● ColumnType：类对象的类型。WinForm 中 DataGridView 控件的列共有六种类型：按钮列样式(DataGridViewButtonColumn)、复选框列样式(DataGridViewCheckBoxColumn)、组合框列样式(DataGridViewComboBoxColumn)、图片列样式(DataGridViewImageColumn)、链接列样式(DataGridViewLinkColumn)和文本框列样式(DataGridTextBoxColumn，默认样式)。不同的列样式会呈现出不同的外观，同时使用方式也有细微的差别。

● DataPropertyName：设置列对象所对应的数据源字段名称。

● HeaderText：设置列对象的页眉文本。

不同的列样式对应着不同的使用环境，具体需要采用什么样式还要根据实际情况来决定，一般情况下如果不能确定则都可以采用文本框样式来呈现数据，因为它基本上可以显示任何类型的数据。

如果要添加新的列对象，则点击左侧列表框下的"添加"按钮，这样就可以打开添加列窗体，如图 10-11 所示。

图 10-11　添加列窗体

在这个窗体上，我们可以设置三个值。"名称(N):"用来指定新添加列对象的 Name 属性值。"类型(T):"下拉列表中可以选择新添加列对象的样式，也就是 ColumnType 属性值。"页眉文本(H)："则是用来设定新添加列的 HeaderText 属性值。需要注意的是，这里并没有设置 DataPropertyName 属性值，因此在完成列的添加后还需要在图 10-10 中找到新添加的列并设置 DataPropertyName 属性，否则是无法使用的。

列设置完成再次运行我们的程序，会发现凡是数据表我们设置过的字段都按要求在 DataGridView 控件的指定列当中呈现出来了，但是我们没有设置的字段却依然按照先前的样式显示在 DataGridView 控件中，如图 10-12 所示。

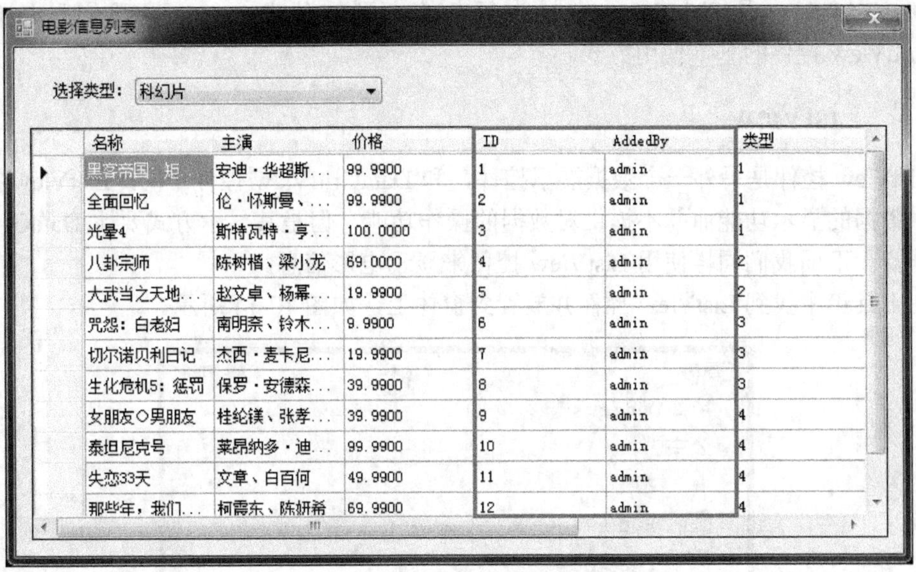

图 10-12　设置列样式后

这是因为默认情况下 DataGridView 控件会自动根据数据源中的表结构来创建相应的列，也就是说数据表中有多少个字段，DataGridView 控件就会自动创建多少个列，并显示数据，而我们这里却只需要它显示我们设置的列，其他的列就不需要再自动创建了。要实现这一效果我们可以通过下面的代码来实现：

　　　　dgdShowData.AutoGenerateColumns = false;

AutoGenerateColumns 属性的作用是用来设置 DataGridView 控件是否需要根据数据源来自动创建列，将其设置为 false 后系统就不会再自动创建列，而只会根据我们设置的列来呈现数据，如图 10-13 所示。

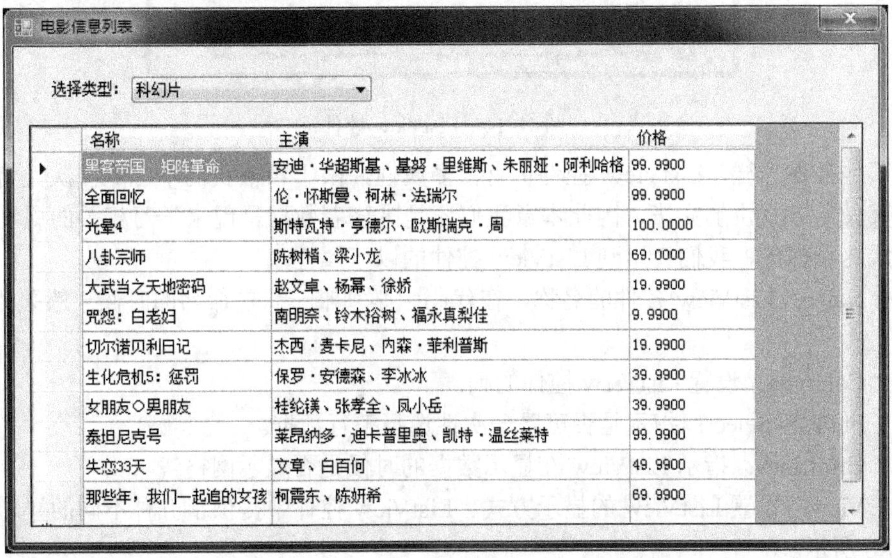

图 10-13　设置 AutoGenerateColumns 属性

DataGridView 是 WinForm 中最为复杂的大型控件之一，本章我们只是介绍了 DataGridView 控件的基本使用方式。

10.4.4　ListView

ListView 控件是另外一个数据展示控件，和 DataGridView 控件不同，ListView 控件只是提供数据的显示功能而并不提供对数据的操作功能，但是其显示方式要比 DataGridView 控件丰富。下面我们同样使用 ListView 控件来显示电影信息。

在工具箱中找到 ListView 控件并放置到窗体上，如图 10-14 所示。

图 10-14　ListView 控件

和其他控件一样，ListView 控件也有很多属性，限于篇幅我们不可能一次性将所有的属性及其使用方式讲解完毕，因此本章我们还是围绕着数据呈现来学习相关的属性。为了能够完成这个任务，我们会用到 ListView 控件的以下属性：

● Name：ListView 控件的名称，在代码中必须唯一。在命名的时候一般采用 lsv 作为前缀。

● Columns：设置 ListView 控件的列。

● FullRowSelect：指示是否可以一次性选择整行数据。

● GridLines：指示 ListView 在显示数据的时候是否显示网格线。

● View：设置 ListView 的显示方式。ListView 控件中提供了五种不同的显示方式，如表 10-6 所示。

表 10-6　ListView 显示方式

显示方式	说　　　明
LargeIcon	每个项都显示为一个最大化图标，在它的下面有一个标签
Details	每个项显示在不同的行上，并带有关于列中所排列的各项的进一步信息。最左边的列包含一个小图标和标签，后面的列包含应用程序指定的子项。列显示一个标头，它可以显示列的标题。用户可以在运行时调整各列的大小
SmallIcon	每个项都显示为一个小图标，在它的右边带一个标签
Title	每个项都显示为一个完整大小的图标，在它的右边带项标签和子项信息。显示的子项信息由应用程序指定。此视图仅在 Windows XP 和 Windows Server 2003 系列平台上受支持。在之前的操作系统上，此值被忽略，并且 ListView 控件在 LargeIcon 视图中显示
List	每个项都显示为一个小图标，在它的右边带一个标签。各项排列在列中，没有列标头

以上几个不同视图的具体表现如图 10-15 所示。

(a) LargeIcon　　　　　　(b) Details　　　　(c) List

(d) Title　　　　　　　　(e) SmallIcon

图 10-15　不同视图的表现

　　本章将重点介绍使用 ListView 控件以表格的方式来呈现数据，因此我们采用的是 Details 视图。同时需要将 FullRowSelect 属性和 GridLines 属性设置为 true，这样当我们将数据放置到控件上时就可以呈现出和 DataGridView 相似的效果。

　　使用 ListView 控件显示数据要比使用 DataGridView 控件复杂一些。首先我们需要设置

ListView 控件的 Columns 属性，也就是设置数据显示的列。在 ListView 控件的属性窗口的行为部分找到 Columns 属性，如图 10-16 所示。

图 10-16　ListView 控件的 Columns 属性

点击右侧的按钮后打开 ColumnHeader 集合编辑器窗体，如图 10-17 所示。

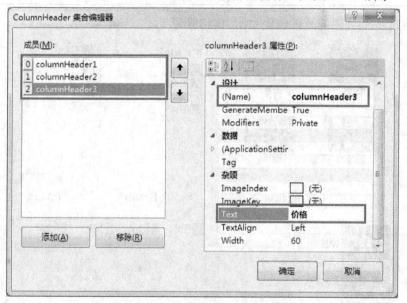

图 10-17　ColumnHeader 集合编辑器

在窗体的左侧"成员(M)："之下我们可以看到现在 Columns 属性所有已经存在的列成员。在成员列表的右侧有上下两个按钮，选中某列后点击向上或向下的按钮就可以调整该列的排列顺序，这个排列顺序决定了最终数据显示的时候该列的位置。如果未添加任何列，则该列表为空。点击成员列表下方的"添加(A)"按钮就可以添加一个新的列。

在成员列表中选中某一列后，在窗体的右侧可以看到当前选中列对象的相关属性，在这些属性中我们需要关注的是 Name 和 Text。Name 属性是当前选中列对象的名称，由于在实际操作过程中访问这些列对象时我们都采用的是下标访问，因此这里可以采用系统自动生成的名字，如果要命名，可以采用 col 作为前缀。Text 属性则是用来设定列对象的页眉，也就是呈现在 ListView 控件中列标头的文本。

设定完成后，点击"确定"按钮后关闭 ColumnHeader 集合编辑器窗体，接下来需要完成具体的数据显示工作。首先依然还是要将数据从数据库中读取出来，这个过程我们可以使用 DataAdapter 对象与 DataSet 对象配合起来实现，因为前面我们已经进行了讲解，这里就不再重复说明。

由于 ListView 控件没有 DataGridView 控件那样的自动数据填充功能，因此我们需要将数据集中的数据提取出来，然后放入 ListView 控件中的相应位置：

```
foreach (Film model in modelList)
{
ListViewItem item = new ListViewItem();

item.SubItems[0].Text = model.Name;
item.SubItems.Add(model.Actors);
item.SubItems.Add(string.Format("{0:C}", model.Price));

lsvShowData.Items.Add(item);

}
```

在上面的代码中，我们首先通过一个 foreach 循环结构遍历数据集合的所有行，在循环结构体中我们需要创建一个 ListViewItem 对象，该对象代表 ListView 控件的 Items 属性中的一个成员。接下来，我们就可以通过这个 ListViewItem 对象的 SubItems 属性将数据行中的数据放置到该对象中。

ListViewItem 对象每调用一次 Add()方法就可以向其中添加一个新的单元格，唯一需要注意的是其第一个单元格需要通过下标访问，因为在创建该对象的时候系统会默认添加一个单元格。无论是设置哪一个单元格，传递的值都需要是字符串类型的。

那么，ListViewItem 对象又是怎么和 ListView 控件的列建立起关联的呢？事实上，这个过程并不复杂，在最终将 ListViewItem 对象通过 Add()方法添加到 ListView 控件的 Items 属性中的时候，系统会按顺序将 ListViewItem 对象的单元格和 ListView 控件的列对应起来，也就是将 ListViewItem 对象第一个单元格的值放置到 ListView 控件的第一个列中，第二个单元格则放置到第二个列中，以此类推。正因为是这样一个操作过程，所以我们在为 ListViewItem 对象添加单元格的时候一定要对 ListView 控件的列组成牢记在心，否则就会出现数据放置错误。另外，如果 ListViewItem 对象的单元格数量多于 ListView 控件的列数量，则多出来的数据就会被系统舍弃。数据填充的效果如图 10-18 所示。

上面的代码中另外一个需要我们注意的地方是，在添加价格的时候我们并没有直接将其转换成为字符串，而是通过 string 类的 Format()方法将其转换成了货币的格式。Format()方法的作用是将指定的值按照要求转换成为特定的格式。一般在使用该方法时我们需要提供两个参数：第一个为字符串类型，用来设定转换的格式；第二个则是需要转换的数据或数据集合。每个格式项都采用下面的形式并包含以下组件：

{ 索引[,对齐][:格式字符串] }

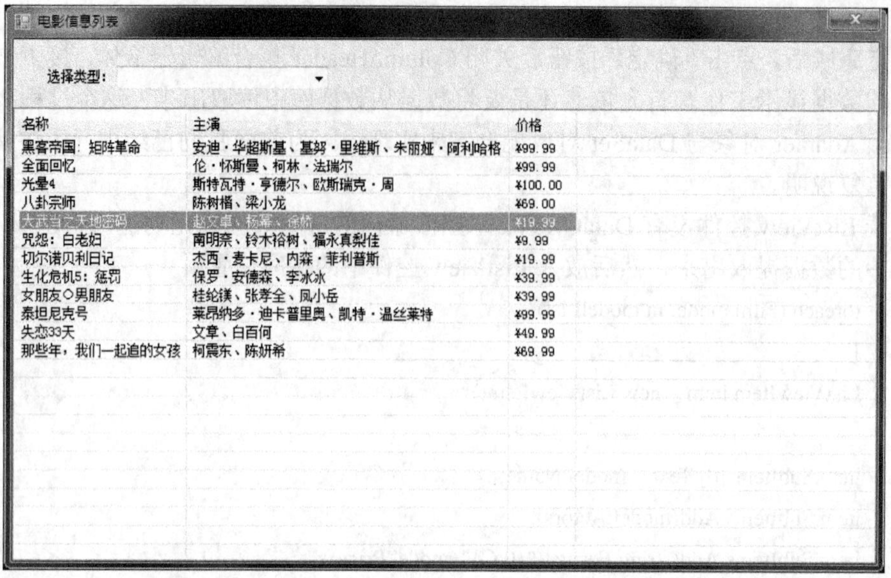

图 10-18　使用 ListView 控件显示数据

"索引"(也叫参数说明符)是一个从 0 开始的数字，用来标识需要转换的数据对象。也就是说，当索引为 0 时，其对应需要转换的第一个数据对象，如果索引为 1，则对应第二个数据对象，依次类推，我们可以把它理解成为占位符。通过指定相同的索引，多个格式项可以引用转换数据对象列表中的同一个元素。例如，通过指定类似于 "{0:X} {0:E} {0:N}" 的复合格式字符串，可以将同一个数值设置为十六进制、科学记数法和数字格式。

每个索引都可以引用要转换数据对象列表中的任一对象。例如，如果有三个要转换的数据对象，则可以通过指定类似于 "{1} {0} {2}" 的复合格式字符串来设置第二、第一和第三个对象的格式。格式项未引用的对象会被忽略。如果索引指定了超出数据对象列表范围的项，将导致运行时异常：

```
txtFormat.Text = string.Format("货币：{0:C}；百分比：{1:P}；十六进制：{0:X}", 12,0.35);
```

上面的代码分别将数字 12 转换成为货币格式和十六进制数，而将 0.35 转换成为百分比，运行效果如图 10-19 所示。

货币：¥12.00；百分比：35.00%；十六进制：C

图 10-19　数据格式转换

"对齐"是可选的一个带符号的整数，指示设置了格式的字段宽度。如果"对齐"值小于设置了格式的字符串的长度，则"对齐"会被忽略，并且使用设置了格式的字符串的长度作为字段宽度。如果"对齐"为正数，则字段中设置了格式的数据为右对齐；如果"对齐"为负数，则字段中设置了格式的数据为左对齐。如果需要填充，则使用空白。如果指定"对齐"，就需要使用逗号：

```
txtFormat.Text = string.Format("右对齐：[{0,10}]；左对齐：[{0,-10}]；对齐失效：[{0,2}]", "Tom");
```

同样是将 Tom 进行格式化，当我们使用 "{0,10}" 这种格式的时候，转换的结果就是在 Tom 的前面增加 7 个空格以补齐 10 位长度，而使用 "{0,-10}" 时，则会在其后面添加 7

个空格以补齐 10 位长度。但是在 "{0,2}" 中，对齐的数值小于 "Tom" 的长度，因此 "对齐" 就失效了，如图 10-20 所示。

右对齐：[　　　　Tom]；左对齐：[Tom　　　　]；对齐失效：[Tom]

图 10-20　对齐效果

格式字符串则是用来设定需要设定的转换格式，表 10-7 列出了常用的格式字符串。

表 10-7　常用的格式字符串

字　符　串	说　　明	示　　例
C 或者 c	将指定数值转换成为 货币格式	123.456 ("C") -> ¥123.46 123.456 ("C3") ->¥123.456 123.456 ("C1") ->¥123.5
D 或者 d(针对数值)	将指定数值转换成为整数	1234 ("D") -> 1234 -1234 ("D6") -> -001234
P 或者 p	将指定数值转换成为百分比	1 ("P") -> 100.00 % -0.396 78 ("P") -> -39.68 % -0.396 78 ("P1") -> -39.8 % -0.396 78 ("P4") -> -39.6780 %
D 或者 d(针对日期)	将指定日期转换成为 日期字符串	2012.11.29 11:46 AM ("d") -> 2012/11/29 2012.11.29 11:46 AM ("D") -> 2012 年 11 月 29 日
G 或者 g(针对日期)	将指定日期转换成为 日期时间字符串	2012.11.29 11:46 AM ("g") -> 2012/11/29 11:46 2012.11.29　11:46　AM　("G")　->　2012/11/29 11:46:08

10.4.5　TreeView

在 WinForm 中 TreeView 控件用树的方式展示层次节点，通过这些节点，我们可以清晰地查看数据及其它们之间的从属关系。传统上，节点对象包含值，可以引用其他节点，一个节点可以包含其他节点，这时该节点称为父节点，它所包含的节点称为子节点。只有子节点没有父节点的节点称为根节点，在 WinForm 中 TreeView 控件可以包含多个根节点，如图 10-21 所示。

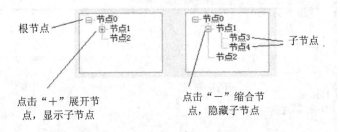

图 10-21　TreeView 控件

作为所有节点的管理者，TreeView 控件本身的常用属性并不多，如表 10-8 所示。

表 10-8　TreeView 控件常用属性

属　性	说　明
Name	控件的名称，一般采用 trv 作为前缀
Nodes	树控件所有节点对象
SelectedNode	树控件当前选中的节点
CheckBoxes	表示节点旁边是否显示复选框
FullRowSelect	指示选中的节点是否跨越树视图控件的整个宽度

TreeNode 是 TreeView 控件的重要组成部分，在 WinForm 中 TreeView 控件的每一个节点都是一个 TreeNode 类的实例，每一个 TreeNode 对象又都具有 Nodes 属性来设置和管理它的子节点，TreeNode 对象的常用属性如表 10-9 所示。

表 10-9　TreeNode 常用属性

属　性	说　明
Name	节点的名称，一般采用 nod 作为前缀
Checked	标识 TreeNode 前的复选框是否被选中
FullPath	获取从树根开始到当前选中节点的完整路径
Nodes	当前节点的所有子节点
Text	节点的文本内容
Tag	与节点相关联的数据

对于 TreeView 控件来说，最为重要的就是对其中包含的节点进行相关的操作和管理，因此对 TreeView 的应用主要就集中在添加节点、取得选中的节点以及用户选中节点后的操作等几个方面。

为 TreeView 控件添加节点的方式有两种。首先，我们可以通过 WinForm 中的 TreeNode 编辑器在图形界面中完成节点的设置，将 TreeView 控件添加到窗体中后找到其 Nodes 属性，点击后打开 TreeNode 编辑器，如图 10-22 所示。

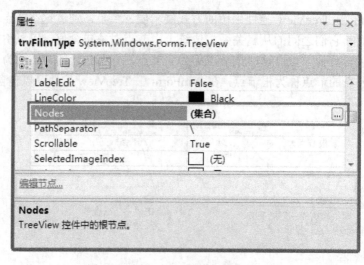

图 10-22　TreeView 控件的 Nodes 属性

在打开的 TreeNode 编辑器左侧的"选择要编辑的节点(N)："下方，我们可以看到当前

TreeView 控件中已经添加的所有节点及其层次结构，选中其中的某一个节点，可以在窗体右侧"节点 X 的属性(P)："下方看到当前选中节点的常用属性，如图 10-23 所示。

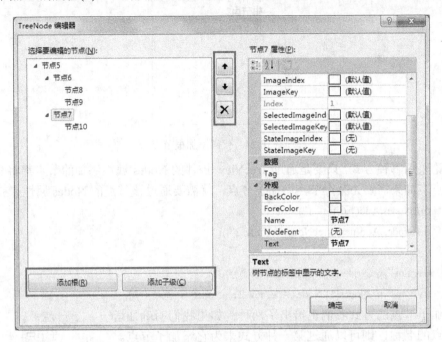

图 10-23　TreeNode 编辑器

在节点列表的下方，我们可以看到两个按钮。"添加根(**R**)"按钮的作用是为 TreeView 控件添加一个根节点。而"添加子级(**C**)"按钮则可以为当前选中节点添加子节点。在节点列表的右侧，自上而下分别是上移按钮、下移按钮和删除按钮。当我们选中某个节点后点击上移按钮，该节点就会向上移动；如果点击下移按钮，那么该节点就会向下移动；点击删除按钮就可以删除该节点及其子节点。通过这几个按钮我们就可以根据需要设计出完整的 TreeView 控件。

使用代码方式添加节点需要先创建 TreeNode 对象，然后通过调用 Add()方法，将其添加到相应节点的 Nodes 属性中：

```
TreeNode tn1 = new TreeNode("根节点 1");
trvFilmType.Nodes.Add(tn1);


trvFilmType.Nodes.Add(new TreeNode("根节点 2"));
trvFilmType.Nodes.Add("根节点 3");
```

在上面的代码中我们采用三种方式向 TreeView 控件中添加了根节点。第一种方式首先创建了一个 TreeNode 对象，在实例化的时候我们通过其构造向该对象传递了一个字符串类型的参数作为其 Text 属性的值，然后调用 TreeView 控件 Nodes 属性的 Add()方法将其添加到 TreeView 控件中。第二种方式其实和第一种方式是一样的，只不过我们没有再显式地创建 TreeNode 对象，而是在调用 Add()方法的时候临时创建了它，同时依然通过其构造方法传递了字符串参数作为其文本值。第三种方式直接在调用 Add()方法的时候传递字符串作为参数，节点则是由系统帮助我们来创建。上面代码的运行效果如图 10-24 所示。

图 10-24　代码添加根节点

无论采用哪种方式，只要是通过 TreeView 控件的 Nodes 属性添加的节点都将是树控件的根节点，如果需要为某个节点添加子节点，就需要通过该节点的 Nodes 属性来完成：

```
tn1.Nodes.Add("子节点 1");

tn1.Nodes.Add(new TreeNode("子节点 2"));


trvFilmType.Nodes[1].Nodes.Add("子节点 3");

trvFilmType.Nodes[1].Nodes.Add(new TreeNode("子节点 4"));
```

添加子节点的方式我们也给出了两种。如果我们明确知道当前节点的名称，则可以通过第一种方式来为它添加子节点。如果不知道当前节点的名称，我们就只能够通过第二种方式，也就是当前节点在 Nodes 中的排列位置找到该节点，然后再为其添加子节点。上述代码的运行效果如图 10-25 所示。

一般来说，对树控件进行各种操作的时候都会和循环结合在一起，例如将数据表中的数据填充到 TreeView 控件中等。树控件的节点层级越多，所需要的循环结构越复杂，因此在实际应用过程中最好不要创建操作三级的树控件，否则程序将会变得很复杂。

图 10-25　添加子节点

10.5　查看电影信息

在上一章中我们完成了音像店管理程序的用户注册和登录功能，本章我们将完成音像店管理程序的电影信息查看功能。

10.5.1　问题

在音像店管理系统中，当用户成功登录到系统中以后，接下来就需要根据用户自己的喜好查找电影并查看电影的详细信息。这里我们首先需要用一个列表的方式将电影的主要信息展示出来，同时要提供相应的操作方式供用户查找自己感兴趣的电影，如图 10-26 所示。

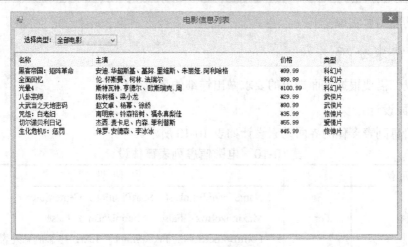

图 10-26　电影信息列表

该窗体的主要要求如下：

(1) 窗体运行时要求在屏幕中央，不能最大化和最小化，也不能够改变大小。

(2) 显示电影类型的下拉列表只能够选择不能输入，同时为了方便用户需要增加一个"选择全部"选择项用来查看所有电影。

(3) 页面首次加载时需要以列表的形式显示出所有电影的信息，包括电影名称、主演、价格和类型。

(4) 当用户选择了某部类型的电影时，可实现对电影信息的查询功能。

双击列表中的某一部影片后，以模式窗体打开影片详细信息窗体并显示该影片的详细信息，如图 10-27 所示。

图 10-27　查看影片详细信息

对于该窗体的要求如下：

(1) 窗体运行时要求在屏幕中央，不能最大化和最小化，也不能够改变大小。

(2) 显示电影类型的下拉列表只能够选择不能输入，但是不需要添加"选择全部"项。

(3) 根据由列表窗体传递过来的电影编号查询电影详细信息并显示在窗体的相应位置。

(4) 由于我们还没有将整个程序整合，因此"保存"按钮功能不需要实现，但是"关闭"按钮功能需要实现。

10.5.2 需求分析

下面我们需要根据上面提出的要求做出详细的需求分析。

1．界面设计

电影信息列表窗体的界面元素设计如表 10-10 所示。

表 10-10 电影信息列表窗体设计

界面元素	类型	属性设置
窗体	Form	Name：frmFilmList StartPosition：CenterScreen MaximizeBox：False MinimizeBox：False FormBorderStyle：FixedSingle Text：电影信息列表
类型选择	Label	Name：lblType Text：类型选择：
类型下拉列表	ComboBox	Name：cboFilmType DropDownStyle：DropDownList
查询信息输入框	TextBox	Name：txtSearch
查询	Button	Name：btnSearch Text：查询
电影信息显示列表	ListView	Name：lsvShowData Columns：名称、主演、价格、类型 MultiSelect：False

电影详细信息窗体的界面元素设计如表 10-11 所示。

表 10-11 电影详细信息窗体设计

界面元素	类型	属性设置
窗体	Form	Name：frmFilmDetails StartPosition：CenterScreen MaximizeBox：False MinimizeBox：False FormBorderStyle：FixedSingle Text：电影详细信息
名称	Label	Name：lblName Text：名称：
主演	Label	Name：lblActors Text：主演：
类型	Label	Name：lblType Text：类型：
价格	Label	Name：lblPrice Text：价格：
库存	Label	Name：lblAmount Text：库存：
简介	Label	Name：lblDesc Text：简介：
名称文本框	TextBox	Name：txtName
主演文本框	TextBox	Name：txtActors
类型下拉列表	ComboBox	Name：cboType
价格文本框	TextBox	Name：txtPrice
库存文本框	TextBox	Name：txtAmount
简介文本框	RichTextBox	Name：txtDesc
保存	Button	Name：btnSave Text：保存
关闭	Button	Name：btnExit Text：关闭

2. 添加"选择全部"项

在前面的章节中我们已经学习了如何将数据表中的数据放置到下拉列表控件中，但是在进行操作的时候有一个很重要的限制，即数据一旦通过 DataSource 属性绑定到控件上后，就不允许再修改控件中的数据，那么我们该如何将"选择全部"这样一个新的选择项添加到下拉列表中呢？

方法当然有很多种，例如我们可以直接在数据库中添加一条这样的数据，也可以循环遍历数据表的 Rows 属性，将其中的数据依次通过 Add()方法添加到 ComboBox 控件中。但是本章我们将采用一种新的方式来解决这个问题。

事实上，仔细分析一下 ComboBox 控件和数据表我们就会发现，在使用 DataSource 属性进行数据绑定的时候，控件中要显示什么数据完全是由数据表来决定的，于是我们就有了一个新的思路：不能修改控件的数据，那我们就直接修改数据表中的数据，然后再进行数据绑定，这样也可以解决问题。整个操作过程其实并不复杂：

```
List<FilmType> types = new List<FilmType>();
//在第一条显示的是全部电影
FilmType t = new FilmType();
t.ID = 0;
t.Name = "全部电影";
types.Add(t);
using (SqlConnection conn = new SqlConnection(strConn))
{
    string strSql = "select * from FilmType";
    SqlCommand comm = new SqlCommand(strSql, conn);
    conn.Open();
    SqlDataReader dr = comm.ExecuteReader();
    FilmType model = null;
    while (dr.Read())
    {
        model = new FilmType();
        model.ID = (int)dr["ID"];
        model.Name = dr["Name"].ToString();
        model.ParentID = (int)dr["ParentID"];
        model.Desc = dr["Desc"].ToString();
        model.State = (int)dr["State"];
        types.Add(model);
    }
    dr.Close();
}
cboFilmType.DisplayMember = "Name";
cboFilmType.ValueMember = "ID";
```

```
cboFilmType.DataSource = types;
```

上面的代码大部分我们都已经很熟悉了，首先依然是创建一个数据库连接对象，然后通过阅读器对象 SqlDataReader 读取数据，循环添加到 List 集合中。因为需要在下拉框中第一行出现"选择全部"，所以，我们在添加数据到集合前，先添加进集合。最后我们用这个数据表对象完成了 ComboBox 控件的数据绑定，由于在数据表中"选择全部"位于第一行，因此绑定后该选项就会出现在 ComboBox 控件的第一项，如图 10-28 所示。

图 10-28　ComboBox 控件

事实上，在实际开发过程中我们经常会遇到无法修改控件的值，或者修改起来很困难，这个时候就可以通过直接修改控件数据源的方式来实现我们所需要的操作。

3．数据查询

数据查询是我们需要重点实现的功能，根据用户给出的条件生成相应的查询语句，在数据库中执行后得到查询结果。

第一步提取数据的工作并不复杂，而且在前面我们已经做过很多次了：

```
string conn = ConfigurationManager.ConnectionStrings["SQL"].ConnectionString;
SqlConnection cn = new SqlConnection(conn);

string strSql = "select F.ID,F.Name,F.Actors,F.Price,T.Name TypeName from Film F ";
strSql += " inner join FilmType T on F.TypeID=T.ID ";
```

这里要注意的是，有一个条件是"全部电影"，也就是说在组合查询语句的时候，如果是全部电影则不需要加条件，而只有选中某一个类型的时候才需要加上查询条件。

```
if(id>0)
    strSql += " where F.TypeID="+ id.ToString();
SqlCommand comm = new SqlCommand(strSql, conn);
conn.Open();
SqlDataReader dr = comm.ExecuteReader();
```

4．显示电影信息

对电影信息的查看我们需要提供两种方式。首先我们需要用列表的方式将查询到的电影信息呈现出来，这一步操作我们可以使用 ListView 控件来实现：

```
lsvShowData.Items.Clear();
while (dr.Read())
{
    ListViewItem item = new ListViewItem();
    item.Tag=(int)dr["ID"];                //该属性用来保存当前数据的 ID 值
    item.SubItems[0].Text = dr["Name"].ToString();
    item.SubItems.Add(dr["Actors"].ToString());
    item.SubItems.Add(string.Format("{0:C}",dr["Price"]));
```

```
                item.SubItems.Add(dr["TypeName"].ToString());
                lsvShowData.Items.Add(item);
            }
            dr.Close();
```

操作和我们在前面学习到的方式是一样的，只不过在循环开始之前我们调用了
ListView 控件 Items 属性的 Clear()方法，该方法的作用是将 ListView 控件中的数据行全部
清除。这么做的原因是我们需要用这个控件反复显示数据，不过不做这个操作数据就会累
加在一起。另外一个需要主意的地方是我们使用到了 ListViewItem 对象的 Tag 属性，该属
性主要用来保存和对象相关的数据，这里我们保存的是电影的编号。

　　我们需要做的第二个显示工作是在电影详细信息窗体中显示电影的详细信息，要完成
这个工作我们需要经过几个步骤。首先需要我们在电影信息列表窗体中获得用户选择的电
影的编号，然后将这个编号传递到电影详细信息窗体，最后根据这个编号查询电影信息并
显示。

　　本次我们设定的操作方式是，用户在电影信息列表中双击某条电影信息就可以打开详
细信息窗体，因此首先我们在 ListView 控件的事件列表中找到 DoubleClick 事件，双击后
在系统自动生成的事件处理程序中完成后续的操作：

```
        private void lsvShowData_DoubleClick(object sender, EventArgs e)
        {
            if (lsvShowData.SelectedItems.Count > 0)
            {
                int id = (int)lsvShowData.SelectedItems[0].Tag;
                frmFilmDetails fd = new frmFilmDetails(id);
                fd.ShowDialog();
            }
        }
```

　　在这段处理程序中，我们首先添加了一个 if 结构，这么做的目的是确保在有电影被选
中的情况下才执行该操作，因为我们用的是 ListView 控件的双击事件，有可能会出现用户
在没有选中任何行的情况下双击控件而触发事件。

　　在 if 结构中，我们可以通过 ListView 控件的 SelectedItems 属性取得所有选中项，
ListView 控件本身就支持多选，尽管我们设定了其 MultiSelect 属性为 false，但是在访问用
户选中的行时依然需要通过 SelectedItems 属性，当然因为只能够选择一行，因此下标就只
能是零了。通过选中行的 Tag 属性，就可以取得电影的编号。接下来的窗体间传参我们在
前面的章节中已经学习过了，这里就不再重复说明。

　　将电影的编号传递到详细信息窗体后，我们就可以根据这个编号到数据库中查找电影
信息并显示在窗体中，不过在这之前我们还需要首先将电影分类信息绑定到 ComboBox 控
件上，具体做法可参考上一个窗体中电影类型的数据读取和绑定，不过这一次我们不用加
上"选择全部"了。

　　接下来就是具体的数据显示了：

```
        using (SqlConnection conn = new SqlConnection(strConn))
```

```
        {
            string strSql = "select * from Film    where ID=" + filmID.ToString();
            SqlCommand comm = new SqlCommand(strSql, conn);
            conn.Open();
            SqlDataReader dr = comm.ExecuteReader();
            while (dr.Read())
            {
                txtName.Text = dr["Name"].ToString();
                txtActors.Text = dr["Actors"].ToString();
                txtPrice.Text = string.Format("{0:C}", dr["Price"]);
                txtAmount.Text = dr["Amount"].ToString();
                txtDesc.Text = dr["Desc"].ToString();
                cboType.SelectedValue = dr["TypeID"];
            }
            dr.Close();
        }
```

首先创建数据库连接对象，然后使用 SqlDataReader 对象来提取数据，当然我们这里的 SQL 语句添加了根据电影编号查询的条件，在将数据填充到数据表中以后，我们通过一个 if 结构对数据表中的数据行做了判断，已确定成功读取了数据。

具体的数据显示也没有复杂之处，我们是根据电影的编号进行查询的，如果存在数据那么肯定就只有一行数据，因此在读取数据的时候行下标就赋值为零。需要注意显示数据的最后一行，ComboBox 控件的数据是使用数据表绑定的，因此要通过其 SelectedValue 设定其选中行才行。

10.5.3 实现电影查看

本章的案例是本书中我们所制作的最复杂的程序，frmFilmList 窗体代码如下：

```
    public partial class frmFilmList : Form
    {
        public frmFilmList()
        {
            InitializeComponent();
        }
        string strConn = ConfigurationManager.ConnectionStrings["SQL"].ConnectionString;
        private void frmFilmList_Load(object sender, EventArgs e)
        {
            BindList();
        }

        private void BindList()
```

```
        {
            List<FilmType> types = new List<FilmType>();
            FilmType t = new FilmType();              //在第一条显示的是全部电影
            t.ID = 0;
            t.Name = "全部电影";
            types.Add(t);
            using (SqlConnection conn = new SqlConnection(strConn))
            {
                string strSql = "select * from FilmType";
                SqlCommand comm = new SqlCommand(strSql, conn);
                conn.Open();
                SqlDataReader dr = comm.ExecuteReader();
                FilmType model = null;
                while (dr.Read())
                {
                    model = new FilmType();
                    model.ID = (int)dr["ID"];
                    model.Name = dr["Name"].ToString();
                    model.ParentID = (int)dr["ParentID"];
                    model.Desc = dr["Desc"].ToString();
                    model.State = (int)dr["State"];
                    types.Add(model);
                }
                dr.Close();
            }
            cboFilmType.DisplayMember = "Name";
            cboFilmType.ValueMember = "ID";
            cboFilmType.DataSource = types;
        }

        private void BindListView(int id)
        {
            lsvShowData.Items.Clear();
            using (SqlConnection conn = new SqlConnection(strConn))
            {
                string strSql="select F.ID,F.Name,F.Actors,F.Price,T.Name TypeName from Film F ";
                strSql += " inner join FilmType T on F.TypeID=T.ID ";
                if (id > 0)
                    strSql += " where F.TypeID=" + id.ToString();
```

```
                SqlCommand comm = new SqlCommand(strSql, conn);
                conn.Open();
                SqlDataReader dr = comm.ExecuteReader();
                while (dr.Read())
                {
                    ListViewItem item = new ListViewItem();
                    item.Tag = (int)dr["ID"];
                    item.SubItems[0].Text = dr["Name"].ToString();
                    item.SubItems.Add(dr["Actors"].ToString());
                    item.SubItems.Add(string.Format("{0:C}", dr["Price"]));
                    item.SubItems.Add(dr["TypeName"].ToString());
                    lsvShowData.Items.Add(item);
                }
                dr.Close();
            }
        }

        private void cboFilmType_SelectedIndexChanged(object sender, EventArgs e)
        {
            int id = (int)cboFilmType.SelectedValue;
            BindListView(id);
        }

        private void lsvShowData_DoubleClick(object sender, EventArgs e)
        {
            if (lsvShowData.SelectedItems.Count > 0)
            {
                int id = (int)lsvShowData.SelectedItems[0].Tag;
                frmFilmDetails fd = new frmFilmDetails(id);
                fd.ShowDialog();
            }
        }
    }
```

　　整合起来的代码稍微发生了一点变化。首先我们将数据库连接字符串的获取放置到了类的起始位置，作为一个全局成员来使用，因为在我们的程序中很多地方都要用到这个字符串。其次，我们将绑定电影分类和电影信息列表放在了单独的 BindList()和 BindListView()这两个方法中，这主要是为了让我们的程序条理更清晰一些，而且这样调整后当我们选择不同的电影分类或者单击查询按钮进行数据查询的时候就不需要再重复编写代码，直接调用方法就可以了。

frmFilmDetails 窗体的代码如下：

```csharp
public partial class frmFilmDetails : Form
{
    //连接字符串
    string strConn = ConfigurationManager.ConnectionStrings["SQL"].ConnectionString;
    //电影编号
    int filmID = 0;
    public frmFilmDetails()
    {
        InitializeComponent();
    }

    public frmFilmDetails(int id)
    {
        InitializeComponent();
        filmID = id;
    }
    private void frmFilmDetails_Load(object sender, EventArgs e)
    {
        BindList();
        if (filmID != 0)
            LoadData();
    }

    //下拉框数据绑定
    private void BindList()
    {
        List<FilmType> types = new List<FilmType>();
        using (SqlConnection conn = new SqlConnection(strConn))
        {
            string strSql = "select * from FilmType";
            SqlCommand comm = new SqlCommand(strSql, conn);
            conn.Open();
            SqlDataReader dr = comm.ExecuteReader();
            FilmType model = null;
            while (dr.Read())
            {
                model = new FilmType();
```

```
                    model.ID = (int)dr["ID"];

                    model.Name = dr["Name"].ToString();

                    model.ParentID = (int)dr["ParentID"];

                    model.Desc = dr["Desc"].ToString();

                    model.State = (int)dr["State"];

                    types.Add(model);

                }

                dr.Close();

            }

        cboType.DisplayMember = "Name";

        cboType.ValueMember = "ID";

        cboType.DataSource = types;

    }

    //显示数据

    private void LoadData()

    {

        using (SqlConnection conn = new SqlConnection(strConn))

        {

            string strSql = "select * from Film    where ID=" + filmID.ToString();

            SqlCommand comm = new SqlCommand(strSql, conn);

            conn.Open();

            SqlDataReader dr = comm.ExecuteReader();

            while (dr.Read())

            {

                txtName.Text = dr["Name"].ToString();

                txtActors.Text = dr["Actors"].ToString();

                txtPrice.Text = string.Format("{0:C}", dr["Price"]);

                txtAmount.Text = dr["Amount"].ToString();

                txtDesc.Text = dr["Desc"].ToString();

                cboType.SelectedValue = dr["TypeID"];

            }

            dr.Close();

        }

    }

}
```

　　电影详细信息窗体的变化也不大，数据库连接字符串同样变成了全局变量以方便使用，而数据显示操作和电影类型下拉列表的绑定也被分别封装到了LoadData()和BindList()这两个方法中，其他的操作我们已经在前面进行了详细的说明，这里就不再重复。

10.6　总结

本章主要介绍了通过 ADO.NET 读取和显示数据。

相对于以前的数据库操作技术，ADO.NET 的一个很重要改变就是实现了数据的脱机操作，这中间 DataSet 和 List<T>泛型集合起到了非常重要的作用。

DataSet 最常用的数据来源是数据库，而数据的读取则需要通过 ADO.NET 另外一个常用的组件 DataAdapter 对象来实现。该组件可以通过简单的 Fill()方法将数据按照它们在数据库中的结构一次性地填充到 DataSet 中，从而实现数据的脱机操作。

而 List<T>泛型集合则是通过 SqlDataReader 对象将数据读取到集合中，虽然比起 DataSet 来，在操作上没有那么简单方便，但是它在数据传递方面不需要像 DataSet 那样创建复杂的表结构。而且，它能够体现出面向对象编程，对于程序的封装和扩展有很大的作用。

最后我们还需要用控件将数据源中的数据呈现出来，本章我们除了知道如何使用以前学习过的控件来显示数据，还学习了 WinForm 中的三个大型的控件，即 DataGridView、ListView 和 TreeView。这三个控件都可以将数据源中的数据根据用户的需要进行显示，但是在具体的操作方面有有着各自的特点，灵活地使用这些控件就可以制作出非常专业的界面。

10.7　上机部分

10.7.1　本次上机课总目标

(1) 掌握 DataSet 的使用方法；
(2) 掌握 SqlDataAdapter 的使用方法；
(3) 掌握控件的使用方法。

10.7.2　上机阶段一(20 分钟内完成)

1．上机目的

掌握 DataSet 的使用方法。

2．上机要求

将 User 表中的数据通过 SqlDataAdapter 填到 DataSet，并用 DataGridView 控件显示出来，如图 10-29 所示。

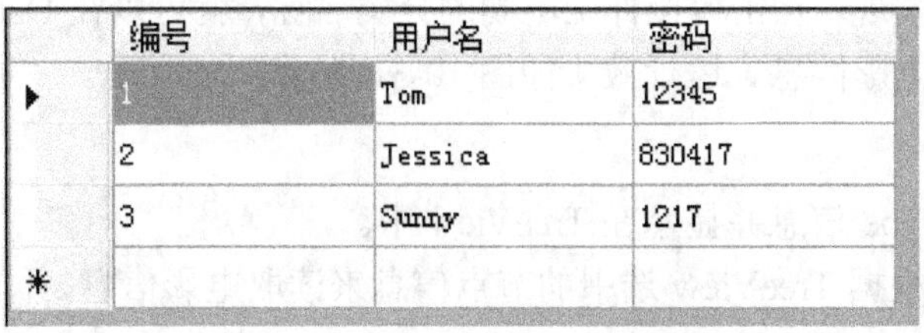

编号	用户名	密码
1	Tom	12345
2	Jessica	830417
3	Sunny	1217

图 10-29　创建 DataSet 并显示

3．实现步骤

(1) 创建 SqlConnection 对象。

(2) 创建 SqlDataAdapter 对象，读取并填充数据到 DataSet 中。

(3) 使用 DataGridView 控件显示 DataSet。

10.7.3　上机阶段二(20 分钟内完成)

1．上机目的

掌握 List<T>泛型集合的使用方法。

2．上机要求

使用 SqlDataReader 对象从 Perm 数据库的 User 数据表中读取数据，并显示在 DataGridView 控件中，注意设置列标头。运行效果如图 10-30 所示。

编号	用户名	密码	姓名
1	admin	123	管理员
3	lishi	123	李四
4	zhangsan	123	张三
5	wangwu	123	王五
*			

图 10-30　显示 User 数据表信息

3．实现步骤

(1) 创建 SqlConnection 对象。

(2) 创建 SqlDataReader 对象，并读取数据。

(3) 创建 List<User>对象，并使用 SqlDataReader 对象将数据读取到集合中。

(4) 使用 DataGridView 控件显示数据。

10.7.4　上机阶段三(60 分钟内完成)

1．上机目的

掌握控件的使用。

2．上机要求

使用 TreeView 控件和 DataGridView 控件重新设计和实现电影信息列表窗体，要求电影分类信息采用树控件来显示，而且需要作为树控件的二级节点显示。电影信息列表采用 DataGridView 控件实现。点击树控件上不同的分类名称，就可以在 DataGridView 控件中显示该分类下的所有电影信息。运行效果如图 10-31 所示。

3．实现步骤

(1) 读取 FilmType 信息并显示在 TreeView 中。

(2) 创建方法，根据 TreeView 选中的节点信息来读取电影信息，并显示在 DataGridView 控件中。

(3) 在 TreeView 控件的 AfterSelect 事件中调用刚才的方法实现数据筛选。

(4) 运行并查看效果。

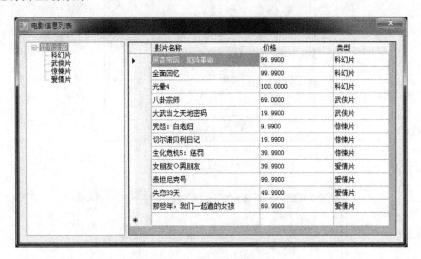

图 10-31 显示 Film 数据表信息

10.7.5 上机作业

(1) 完成权限关系系统中的用户管理部分，该部分包括两个窗体。用户管理窗体以列表的方式显示所有用户的信息，如图 10-32 所示。要求窗体不能最大化和最小化，不能改变大小，启动时要在屏幕中央。用户列表采用 ListView 控件，选中其中一条数据后点击"修改"按钮打开用户修改窗体，在该窗体上显示选中的用户信息，用户修改完成后点击"保存"按钮就可以完成修改，如图 10-33 所示。点击"添加"按钮后打开新增用户窗体，用户输入完成后点击"保存"按钮完成新用户的添加，如图 10-34 所示。选中一条数据后点击"删除"按钮可以删除该用户信息。选中一条数据后点击"权限设置"按钮打开权限设置窗体。该窗体的左侧是一个 ListBox 控件，用来显示所有用户的名称；右侧是一个 CheckedListBox 控件，用来显示所有的角色信息。在左侧选中某个用户，在右侧选中相应的角色后点击"保存"按钮，可以完成用户角色设置，如图 10-35 所示。

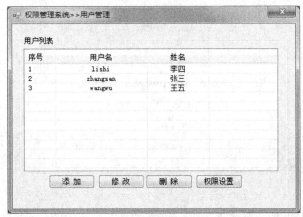

图 10-32 用户管理窗体

图 10-33　修改用户信息

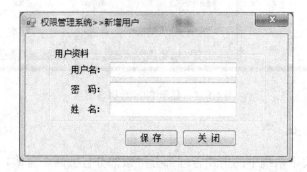

图 10-34　添加新用户

图 10-35　用户角色设置

习题

一、选择题

1. DataSet 数据集是一个数据容器，可看做是在内存中的一个临时数据库，它与数据

源并没有直接的联系。该说法(　　)。(选 1 项)

　　A．错　　　　　　　　　　　　　B．对

2. 当创建一个 List<Film>泛型集合时，该集合中可以放入的实例对象类型是(　　)。(选 1 项)

　　A．Film　　　　　　B．FilmType　　　　　C．object　　　　　　D．int

3. 将一个对象添加到泛型集合的最后，应该使用该集合对象的(　　)方法。(选 2 项)

　　A．Remove　　　　　B．Insert　　　　　　C．Add　　　　　　　D．Count

4. 下面属于 DataSet 的特点的是(　　)。(选 2 项)

　　A．用于读取只读、只进的数据

　　B．在断开数据库连接时可以操作数据

　　C．DataSet 中的数据存储在数据库服务器的内存中

　　D．不直接和数据库打交道，与数据库的类型没有关系

5. 使用(　　)对象来向 DataSet 中填充数据。(选 1 项)

　　A．Connection　　　B．Command　　　　　C．DataReader　　　　D．DataAdapter

6. 已经创建了一个泛型集合 List<Friend>，该对象名为 listFriend，想获得该集合中的所有元素个数，下列语句正确的是(　　)。(选 1 项)

　　A．listFriend.Length;　　　　　　　　　B．listFriend.GetLength();

　　C．listFriend.Count;　　　　　　　　　D．listFriend.Count();

7. 在上题的程序中，窗体中有一个 DataGridView 控件叫作 dgvFriends，现在想在 DataGridView 控件中显示 Friends 表的数据，假设已经将该表数据放到一个泛型集合 List<Friend>中，该对象名为 listFriend，下列语句正确的是(　　)。(选 2 项)

　　A．dgvFriends.DataSource= listFriend;

　　B．dgvFriends.DataSource.Add(listFriend);

　　C．dgvFriends = listFriend;

　　D．dgvFriends.Source= listFriend;

8. DataGridView 网格控件绑定数据有(　　)种方法。(选 1 项)

　　A．1　　　　　　　B．2　　　　　　　　C．3　　　　　　　　D．4

9. ListView 控件有(　　)种方式显示数据。(选 1 项)

　　A．2　　　　　　　B．3　　　　　　　　C．4　　　　　　　　D．5

10. DataSet 数据集中(　　)属性表示其所包含的所有数据表。(选 1 项)

　　A．Relations　　　B．DataSetName　　　C．Tables　　　　　　D．Table

二、简答题

1. 说明 DataSet 的作用。

2. 说明 DataGridView 的作用。

3. 说明 DataAdapter 的作用。

4. 简要说明代码创建 DataSet 的步骤。

5. 简要说明填充 DataSet 的步骤。

三、代码题

1. 试写出使用 SqlDataAdapter 填充 DataSet 的核心代码。

2. 现有一个由 ID、Name 和 Phone 三个属性组成的实体类 Person 创建的泛型集合，初始化一定的数据，试写出使用 ListView 控件显示该数据表的核心代码。

3. 现在需要将图 10-34 用户角色设置窗体中的用户列表改为用 TreeView 控件来显示，试写出显示用户核心代码。

参 考 文 献

[1] 陈向东. C#程序设计案例教程. 北京：北京大学出版社，2009.

[2] 江红，余青松. C#程序设计教程. 北京：清华大学出版社，2010.

[3] 罗兵. C#程序设计大学教程. 北京：机械工业出版社，2008.

[4] 戴芳胜. Visual C#.NET 可视化程序设计. 上海：华东理工大学出版社，2005.

[5] 明日科技. C#程序开发范例宝典. 北京：人民邮电出版社，2008.